ENDSPURT: Das Übungsbuch für Bilanzbuchhalter IHK

Bibliografische Information der Deutschen Nationalbibliothek

Die Deutsche Nationalbibliothek verzeichnet diese Publikation in der Deutschen Nationalbibliografie; detailliertere bibliografische Daten sind im Internet über http://dnb.d-nb.de abrufbar.

Erste Auflage

Autoren: Sascha Paustian; Marco Gries
Umschlagsgestaltung und Layout: Laura Mc Lain
Verlag: Lernstarter Bildungsmedien UG, Bad Homburg v. d. Höhe
ISBN: **978-3981724806**

INHALTSVERZEICHNIS

I. Wichtige Hinweise zur Prüfungsvorbereitung

Was Sie über dieses Übungsbuch und dessen Aufbau wissen sollten....

In unseren E N D S P U R T – Übungsbüchern unterscheiden wir zwischen

- **Prüfungsähnlichen Aufgaben** und
- **Verständnisaufgaben**.

Die **Verständnisaufgaben** sollen Ihnen beim Verstehen von wichtigem Lernstoff helfen und Sie besser auf die prüfungsähnlichen Aufgaben vorbereiten. Deshalb finden Sie hier für jeden Schwerpunkt mehrere solcher Verständnisaufgaben.

Die **prüfungsähnlichen Aufgaben** sollen Sie beim Üben gedanklich in eine Prüfungssituation versetzen. Dafür finden Sie am Anfang eines jeden Kapitels eine kurze Übersicht der Aufgaben, die Ihnen als Kontroll- und Bewertungsblatt dienen soll.

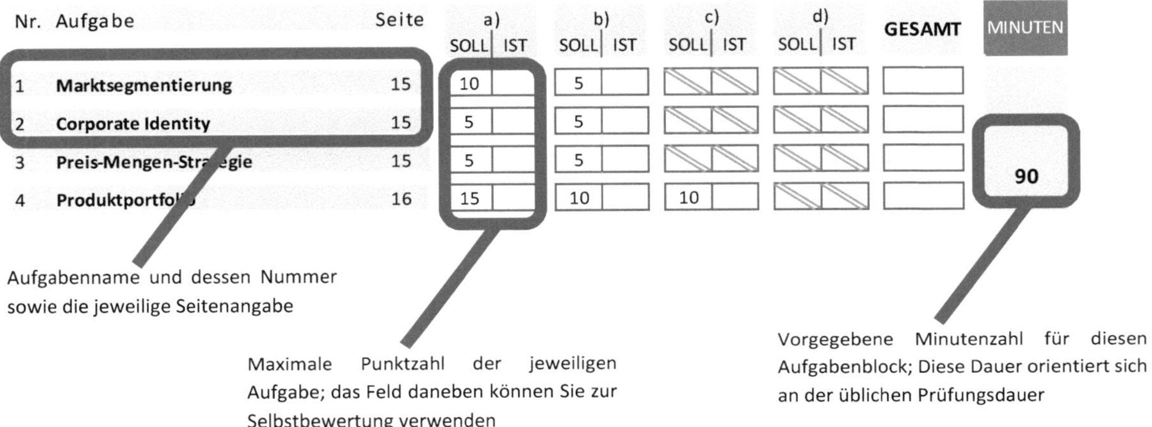

Nr.	Aufgabe	Seite	a) SOLL	a) IST	b) SOLL	b) IST	c) SOLL	c) IST	d) SOLL	d) IST	GESAMT	MINUTEN
1	**Marktsegmentierung**	15	10		5							
2	**Corporate Identity**	15	5		5							
3	**Preis-Mengen-Str[illegible]egie**	15	5		5							90
4	**Produktportfo[illegible]**	16	15		10		10					

Ebenso finden Sie bei jeder prüfungsähnlichen Aufgabe auch die jeweilige Punktzahl, welche im Falle der IHK-Prüfungsauswertung höchstwahrscheinlich vergeben werden würde.

Versuchen Sie anhand der Übersicht für sich selbst eine ernsthafte Prüfungsatmosphäre zu schaffen und vermeiden Sie es, die Lösungen auf den hinteren Seiten vorher anzuschauen. Lösen Sie zuerst die Aufgaben und bewerten Sie sich dann selbst. Somit können Sie Ihren Wissensstand besser einschätzen und finden auch heraus, an welchen Punkten Ihnen noch erforderliches Wissen fehlt. Verwenden Sie bei der Prüfungsvorbereitung am besten auch einen Timer, welcher Ihnen beim Beantworten der Aufgaben **unter Zeitdruck** helfen wird.

Die **Lösungen** zu den jeweiligen Aufgaben finden Sie ab **Kapitel IV** zu den jeweiligen Themenschwerpunkten. Handelt es sich bei den aufgeführten Lösungen um **Lösungsvorschläge**, dann wird dies gekennzeichnet und darauf verwiesen, dass eine ähnliche Beantwortung möglich gewesen wäre.

Die Multiple-Choice-Fragen in diesem Übungsbuch finden Sie zum Ende eines jeden Kapitels und diese Aufgaben dienen der Abfragung des Grundwissens und können für Ihr Verständnis hilfreich sein.

Was Sie für die Prüfungen und die Vorbereitungen so alles brauchen.....

Um die folgenden Übungsaufgaben prüfungsnah lösen zu können, empfehlen wir Ihnen folgende Bücher bei sich zu haben:

Gerade für den **Prüfungsteil B** benötigen zusätzlich zu der Standardausstattung von Lineal und Taschenrechner die entsprechenden Gesetze und Richtlinien. Da kommen eine Menge Gesetzesbücher für die Prüfungen auf Sie zu. Hier eine Übersicht:

- **BGB** (Bürgerliches Gesetzbuch),
- **HGB** (Handelsgesetzbuch),
- **Steuerrichtlinien**
- **Steuergesetze** (Zusammengefasste Steuergesetze),
- **Wichtige Wirtschaftsgesetze** (Aktien- und GmbH-Gesetz, Wettbewerbsrecht: Markenrecht, Kartellrecht, UWG usw.)
- **IAS/IFRS - Texte – Standards**

Dieses Gesamtpaket können Sie auch direkt bei uns auf www.lernstarter.de bestellen für 124,70 Euro.

Für den **Prüfungsteil A** werden laut der Hilfsmittelliste der IHK keine Gesetze benötigt.

Was Sie über die bevorstehenden Prüfungen der IHK unbedingt wissen sollten.....

Die Prüfungen der IHK sind teilweise gefürchtet. Hier wollen wir kurz versuchen, Ihnen Ihre Ängste zu nehmen und Sie kurz darüber aufzuklären, was Sie erwartet. Die IHK-Prüfungen für Ihre Weiterbildung werden nicht von der IHK selbst erstellt, sondern von ehrenamtlichen Prüfungsausschuss-Mitgliedern. Diese werden von der IHK aufgefordert eigene Prüfungsaufgaben bei der IHK-Verwaltung einzureichen und die IHK-Verwaltung entscheidet sich dann für eine geringe Anzahl an Aufgaben. Oftmals kommen dabei hunderte von eingereichten Aufgaben zusammen, aus denen dann ca. 5 bis 6 Aufgaben für ein Prüfungsfach ausgesucht werden. Die ehrenamtlichen Prüfungsausschuss-Mitglieder kommen oft aus der Praxis und gehen neben Ihrer Tätigkeit bei der IHK auch einem normalen Beruf nach. Die Ersteller der Prüfungsaufgaben können also aus sehr breiten Themengebieten wählen, auch wenn sie sich an den Rahmenplan der IHK halten müssen. Eine der wenigen Anforderungen an die Ersteller der Prüfungsaufgaben sind die Richtlinien der Aufgabengestaltung und diese sollten Sie auch kennen. Deshalb zeigen wir Ihnen diese hier auf:

a) Die unterschiedlichen Aufgabentypen in den IHK-Prüfungen

1) Offene Fragen	Bei den **offenen Fragen** werden Fragen gestellt, welche Sie frei beantworten sollten. Hierbei müssen Sie genau auf die Fragestellung achten, um herauszufinden, ob hier Ihre eigene Meinung gefragt ist oder Sie einfach nur faktisches Wissen aufzeigen sollen.
2) Situationsaufgaben	Bei den **Situationsaufgaben** wird Ihnen am Anfang der Aufgaben (betrifft meistens mehrere) ein kompletter Sachverhalt in Form einer Kurzgeschichte dargestellt. Alls darauf folgenden Aufgaben beziehen sich dann genau auf diese Situation bzw. Sachverhalt. Bei diesen Aufgaben wird zwar auch oft Wissen (in Form von offenen Fragen) abgefragt aber es werden auch Lösungsvorschläge von Ihnen verlangt.
3) Programmierte Fragen Multiple Choice	Bei **programmierten Fragen** werden Ihnen mehrere Antworten zur Auswahl gestellt. Sie müssen sich dabei (aufgrund Ihres Wissens) für die richtige oder richtigen Antwort/en entscheiden. Die Antwort/en werden dann angekreuzt.

In den letzten 10 Jahren sind eigentlich nur **offene Fragen** und **Situationsaufgaben** in den IHK-Prüfungen zum Betriebswirt IHK vorgekommen. Grundsätzlich können aber **programmierte Fragen** jederzeit in neueren Prüfungen erscheinen.

Da wir uns in diesem Übungsbuch aber den Prüfungen der letzten 10 Jahren gewidmet haben, konzentrieren wir uns nun auch hauptsächlich auf die offenen Fragen und die Situationsaufgaben. Hierbei unterscheidet man auch noch einmal zwischen zwei unterschiedlichen Aufgabearten:

- den **Wissensaufgaben** und
- den **Anwendungsaufgaben**.

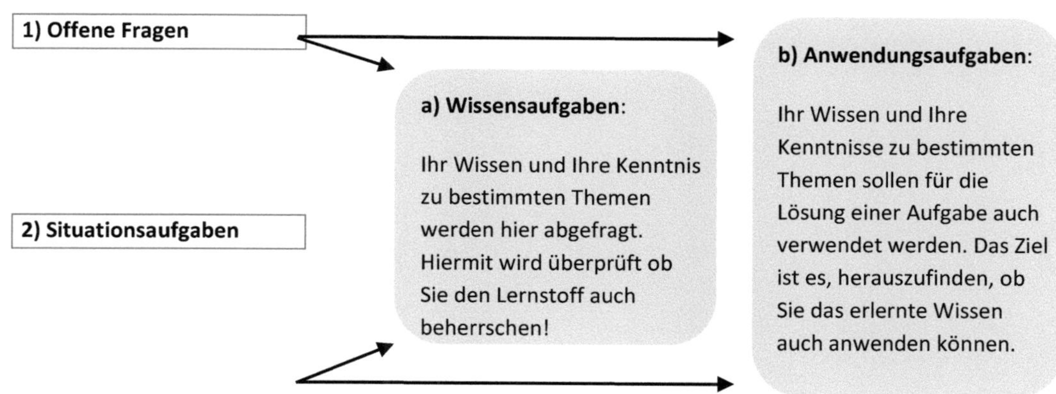

b) Die Aufgaben- und Fragestellungen in den IHK-Prüfungen!

NENNEN	***Beispiel:*** *Nennen Sie zwei Arten der Preisdifferenzierung*
AUFZÄHLEN	***Beispiel:*** *Zählen Sie mindestens zwei Arten der Preisdifferenzierung auf*
ANGEBEN	***Beispiel:*** *Geben Sie an, welche Arten der Preisdifferenzierung es gibt!*

Das Ziel solcher Fragestellungen ist, eine Aufzählung von Begriffen, Arten usw. Es handelt sich hierbei also um Aufgaben, bei denen Sie die Lösung in Form von Stichpunkten angeben können und keine langen Sätze schreiben müssen.

BESCHREIBEN	***Beispiel:*** *Beschreiben Sie den Zweck einer Preisdifferenzierung für ein Unternehmen*

Bei der Aufforderung „Beschreiben“, genügen meistens Stichpunkte als Antwort nicht mehr. Versuchen Sie bei dieser Aufgabenstellung einen kurzen aber ausformulierten Satz als Lösung zu schreiben.

BEGRÜNDEN	***Beispiel:*** *Begründen Sie den Zweck einer Preisdifferenzierung für ein Unternehmen*

Bei Fragestellungen oder Aufgabestellungen mit der Angabe einer Begründung, wird nach Ihren Argumenten und dazugehörige Argumentationsschritten gefragt. Man will hierbei sicherstellen, ob Sie auch verstehen, warum etwas so ist wie es ist.

BESTIMMEN	***Beispiel:*** *Bestimmen Sie, welche Art der Preisdifferenzierung hierbei die beste wäre*

Bei einer Aufgabenstellung, in der Sie etwas bestimmen sollen, müssen Sie sich für eine Lösung entscheiden und auch dem Prüfer erklären, warum diese Entscheidung (Ihrer Meinung nach) am sinnvollsten ist. Oft ist hierbei dann auch von einer **Handlungsempfehlung** die Rede. Sie sollen also entweder etwas bestimmen oder eine Handlung bzgl. der Aufgabe empfehlen. Vergessen Sie dabei niemals die Begründung.

BEURTEILUNG	***Beispiel:*** *Beurteilen Sie, die ausgewählte Art der Preisdifferenzierung....*

Wenn in einer Aufgabenstellung eine Beurteilung verlangt wird, dann soll ein Sachverhalt auf Richtigkeit, Zweckmäßigkeit, Alternativen usw. beurteilt werden. Sie sollen hierbei also eine Art Gutachten erstellen und etwas Vorgegebenes beurteilen.

II. Prüfungsteil A

1. **Kosten- und Leistungsrechnung**

VERSTÄNDNISAUFGABEN

Nr.	Aufgabe	Seite	Verstanden	Nicht verstanden
1	**Starre Plankostenrechnung**	12		
2	**Flexible Plankostenrechnung**	12		
3	**Deckunsbeiträge**	12		
4	**Betriebsabrechnungsbogen (Industrie)**	13		
5	**Innerbetriebliche Leistungsverrechnung**	14		
6	**Kosten- und Preiskalkulationen**	14		
7	**Gewinnschwelle**	15		
8	**Betriebsergebnis und Investitionsrechnung**	15		
9	**Einzahlungen, Auszahlungen usw.**	17		

PRÜFUNGSBLOCK 1

Nr.	Aufgabe	Seite	a) SOLL	a) IST	b) SOLL	b) IST	c) SOLL	c) IST	d) SOLL	d) IST	GESAMT	MINUTEN
1	**Plankostenrechnung**	18	10		11							120
2	**Betriebsabrechnungsbogen I**	19	15		12							
3	**Betriebsabrechnungsbogen II**	20	10		5							
4	**Beschaffungsvolumen**	21	15		12							
5	**Innerbetriebliche Leistungsverrechnung**	21	10									

Ihre ermittelte Gesamtpunkteanzahl für diese Prüfungsblock

Verständnisaufgabe 1: **Starre Plankostenrechnung**

Für die Kostenstelle *„Produktion N°2"* betragen die Plankosten 50.000 Euro bei einer Planbeschäftigung von 5.000 Stunden.
Die IST-Beschäftigung lag bei 4.000 Stunden, die IST-Kosten lagen bei 30.000 Euro.

Ermitteln Sie anhand dieser vorgegebenen Informationen nun die Abweichung rechnerisch und grafisch!

Verständnisaufgabe 2: **Flexible Plankostenrechnung**

Für die Kostenstelle *„Produktion N°2"* existieren nach Ablauf eines Geschäftsjahres die folgenden Werte:

		Gesamt	Fixe Kosten
PLAN	Plankosten	300.000,00 €	100.000,00 €
	Planbeschäftigung (Stunden)	10.000 h	
IST	IST-Kosten	250.000,00 €	
	IST-Beschäftigung (Stunden)	9.000 h	

Ermitteln Sie rechnerisch

- die **Beschäftigungsabweichung**,
- die **Verbrauchsabweichung** sowie auch
- die **Gesamtabweichung**.

Verständnisaufgabe 3: **Deckungsbeiträge**

Neben Handtaschen veredelt die WARA GmbH auch andere Produkte, wie Schmuck und Schuhe. Berechnen Sie anhand der folgenden Tabelle die Deckungsbeiträge für jede einzelne Produktsparte und danach auch für das gesamte Unternehmen. Beachten Sie, dass bei jeder Produktsparte variable Gemeinkosten von 13.800 Euro hinzukommen. Errechnen Sie neben den Deckungsbeiträgen auch das Betriebsergebnis.

	Handtaschen	Schmuck	Schuhe	**GESAMT**
Verkaufserlöse	96.000,00 €	85.000,00 €	100.000,00 €	
- variable Einzelkosten	45.221,00 €	22.580,00 €	40.750,00 €	
- variable Gemeinkosten				
= Deckungsbeitrag				
- fixe Kosten				58.050,00 €
= Betriebsergebnis				

Verständnisaufgabe 4: **Betriebsabrechnungsbogen (Industrie)**

In der Hübner KG wird die Monatsrechnung mithilfe eines Betriebsabrechnungsbogens vorgenommen. Folgender BAB liegt vor, in dem bereits die Gemeinkosten (=Istgemeinkosten) ermittelt wurden:

Kostenstelle	Material	Fertigung	Montage	Verwaltung	Vertrieb
Istgemeinkosten	58.800,00 €	166.600,00 €	159.500,00 €	125.646,00 €	81.816,00 €
Istzuschlagsgrundlage					
Istzuschlagssatz					
Normalzuschlagssatz	15%	420%	270%	16,50%	12%
Normalzuschlagsbasis					
Normalgemeinkosten					
Über- / Unterdeckung					

Außerdem liegen aus dem Abrechnungsmonat noch die folgenden Informationen vor:

Fertigungsmaterial:	350.000 Euro
Fertigungslöhne:	40.000 Euro
Montagelöhne:	58.000 Euro
Umsatz:	828.000 Euro
Bestandserhöhung (Fertigerzeugnisse)	64.000 Euro
Bestandserhöhung (unfertige Erzeugnisse)	38.400 Euro

Ermitteln Sie die Istzuschlagssätze der Hauptkostenstellen (auf eine Nachkommastelle) sowie die verrechneten Normalgemeinkosten. Berechnen Sie auch die Abweichungen der Gemeinkosten und geben Sie jeweils an, ob es sich um eine Über- oder Unterdeckung handelt. Tragen Sie die Ergebnisse in der Tabelle oben direkt ein.

Bestimmten Sie

- das Umsatzergebnis und
- das Betriebsergebnis

des Abrechnungsmonats.

Verständnisaufgabe 5: **Innerbetriebliche Leistungsverrechnung**

Ihnen liegen für die folgenden genannten Kostenstellen folgende Kosten- und Leistungsdaten vor:

Kostenstellen	Primäre Gemeinkosten	Gesamtleistung
1) Grundstücke / Gebäude	10.500 €	120 m²
2) Stromstelle	2.450 €	80 kWh
3) Reparatur	6500	35 Stunden

Gegenseitiger Leistungsaustausch:

- Kostenstelle 1 verbraucht 15 kWh und 10 Std
- Kostenstelle 2 verbraucht 8 Std. und 45 m²
- Kostenstelle 3 verbraucht 30 kWh und 20 m²

Es findet kein Eigenverbrauch statt!

Stellen Sie bitte den Ansatz zur Ermittlung der internen Verrechnungspreise nach dem Gleichungsverfahren dar. (Eine numerische Rechnung ist nicht erforderlich!)

Verständnisaufgabe 6: **Kosten- und Preiskalkulationen**

Die MEGABAU GmbH führt derzeit verschiedene Arbeiten im Garten- und Landschaftsbau durch. Sie hat ebenso einen Auftrag von einem Restaurant erhalten bzgl. der Renovierung einer Gartenterrasse aus Betonsteinplatten.

Für die Vorkalkulation werden Ihnen folgende Daten vorgelegt:

Gesamtfläche	500 m²
Einkaufspreis der Betonsteinplatten	50 Euro je m²; Plattenformat 40 x 80 cm
Zuschlag für Ausschuss und Verschnitt	4%
Personalaufwand	200 Stunden
Stundensatz inkl. Personalzusatzkosten	30 Euro je Stunde
Gemeinkosten pauschal	25% auf die Einzelkosten (komplett fix)
Gewinnzuschlag	10% bezogen auf die Selbstkosten

Nach der Durchführung des Auftrages liegen Ihnen folgende Daten vor:

Einkaufspreis Betonsteinplatten	52 Euro je m²
Materialverbrauch	1.680 Platten
Personalaufwand	220 Stunden
Personalstundensatz	27,50 Euro je Stunde
Rechnungsbetrag netto lt. Schlussrechnung	39.500 Euro zzgl. Umsatzsteuer

a. Erstellen Sie eine Vorkalkulation und ermitteln Sie darauf aufbauend den Angebotspreisvorschlag (netto) für die Geschäftsleitung der MEGABAU GmbH.

b. Erstellen Sie für die Materialeinzelkosten eine Abweichungsanalyse und kommentieren Sie diese entsprechend.

c. Erstellen Sie auch eine Abweichungsanalyse für die Personalkosten und kommentieren Sie diese.

Verständnisaufgabe 7: **Gewinnschwelle**

Die Großhandlung Sannetto hat sich auf den Vertrieb von hochwertigen Befestigungselementen spezialisiert. Für das Modell X 23 liegen Ihnen dabei folgende Daten vor:

- Der Listennettoverkaufspreis beträgt durchschnittlich 600 Euro.
- Den Kunden werden 10% Rabatt und 2% Skonto gewährt.
- Mit dem vorhandenen Mitarbeiterstab können monatlich maximal 700 Aufträge bearbeitet werden.
- Bei einem derzeitigen Beschäftigungsgrad von 70% fallen Gesamtkosten von 221.210 Euro monatlich an, davon sind 60.000 Euro Fixkosten.

a) Berechnen Sie den monatlichen Absatz, bei dem das Großhandelsunternehmen seine Gewinnschwelle erreicht.

b) Ermitteln Sie, welche monatliche Auftragszahl erreicht werden müsste, wenn ein Monatsgewinn von 20.000 Euro erzielt werden soll.

Verständnisaufgabe 8: **Betriebsergebnis und Investitionsrechnung**

Neben Ihrer beruflichen Tätigkeit als Bilanzbuchhalter möchten Sie sich ein zweites Standbein durch eine selbstständige Tätigkeit aufbauen. Nun liegt Ihnen ein Angebot für die Übernahme eines Bierausschankes in einem großen Fußballstadion vor. Der Fünf-Jahres-Mietvertrag erlaubt Ihnen nur, Biere der Brauerei Wicher zu verkaufen.

Der Vormieter verlangt eine Ablösesumme von 500.000 Euro, zusätzlich sind an den Vermieter für die Übernahme der Einrichtung einmalig 50.000 Euro sofort zu bezahlen. Die Übernahme ist zum 01. Januar 2017 geplant. Aufgrund Ihrer Finanzierungssituation gehen Sie von einem Kalkulationszinssatz von 10% p.a. aus. Pro Jahr gibt es 30 Spieltage und zehn Sonderveranstaltungen. Anhand der Ihnen vorgelegten Unterlagen wurden im Vorjahr durchschnittlich pro Spieltag/Sonderveranstaltung

- 3.000 Standardbecher Wicher Exportbier,
- 1.000 Standardbecher Wicher Lemon,
- 2.500 Standardbecher Wicher Weizen sowie
- 5.000 Standardbecher Wicher Klassik

verkauft. Sie gehen davon aus, dass sich diese Absatzmenge zumindest halten lässt.

Sie können die Getränke zu den folgenden Konditionen einkaufen:

- Export 0,70 Euro je Liter
- Lemon 0,65 Euro je Liter
- Weizen 0,75 Euro je Liter
- Klassik 0,20 Euro je Liter

Als Verkaufspreise stellen Sie sich je $^1/_2$-Liter Standardbecher folgende Beträge vor:

- Export: 1,10 Euro
- Lemon: 1,00 Euro
- Weizen: 1,30 Euro
- Klassik: 0,80 Euro

a) Berechnen Sie das Betriebsergebnis pro Jahr (unter Berücksichtigung aller hier bereits erwähnten Angaben und der folgenden Daten):

- monatliche Miete inkl. Strom und Kühlanlage: 5.000 Euro
- Lohnkosten je Spieltag: 500 Euro
- Becherkosten: 0,05 Euro je Stück
- Sonstige Kosten: 100.000 Euro pro Jahr, davon 80% auszahlungswirksam

Beim Ausschank gehen erfahrungsgemäß im Durchschnitt 1% der Getränke zu lasten des Verkäufers verloren (ggf. auf volle Liter abrunden). Bitte benutzen Sie für diese Aufgabe die Tabelle auf der folgenden Seite.

Tabelle zu Aufgabe a)

	Export	Lemon	Weizen	Klassik	GESAMT
Einkauf					
Menge					
Veranstaltungen					
Becher in Stück					
Liter ausgeschenkt					
benötigte Liter (1% Verlust)					
abgerundet					
Einkaufspreis je Liter					
Einkaufspreis GESAMT					
Verkauf je Becher					
Erlöse					
DB/Rohergebnis					
sonstige Kosten					
kalkulatorische AfA der Ablöse					
kalkulatorische AfA der Übernahme					
kalkulatorische Zinsen					
Miete					
Lohnkosten					
Becher					
sonstige Kosten					
Betriebsergebnis					

b) Überprüfen Sie mit der Kapitalwertmethode, ob sich die Investition innerhalb der vorgegebenen fünf Jahre rechnet, wenn sich die Zahlungsflüsse aus den Erlösen und den auszahlungswirksamen Kosten ergeben. Die Kosten des Wareneinkaufs für die Getränke steigen nach Ihrer Vermutung pro Jahr um 5%, jeweils bezogen auf den Vorjahreswert. Die Erlöse und andere Kosten bleiben über den Betrachtungszeitraum gleich.

Verständnisaufgabe 9: **Einzahlungen, Auszahlungen usw.**

a) Nennen Sie je zwei Beispiele für:
- eine Einzahlung, welche keine Einnahme ist
- eine Einzahlung, welche eine Einnahme ist,
- eine Einnahme, welche keine Einzahlung ist.

b) Nennen Sie je zwei Beispiele für:
- eine Auszahlung, welche keine Ausgabe ist,
- eine Auszahlung, welche auch eine Ausgabe ist,
- eine Ausgabe, welche keine Auszahlung ist.

c) Nennen Sie je zwei Beispiele für:
- eine Einzahlung, welche kein Ertrag ist,
- eine Einzahlung, welche auch ein Ertrag ist,
- ein Ertrag, welcher keine Einzahlung ist.

d) Nennen Sie je zwei Beispiele für:
- eine Auszahlung, welche kein Aufwand ist,
- eine Auszahlung, welche auch ein Aufwand ist,
- ein Aufwand, der keine Auszahlung ist.

Prüfungsähnliche Aufgabe 1: **Plankostenrechnung**

Bei einem Zulieferer für Solarstromanlagen liegt für ein einzelnes Bauteil in der Produktionskostenstelle eine Planbeschäftigung von 1.000 Stück je Periode vor. Die verrechneten Plangemeinkosten betragen 100 Euro je Stück und Sollkosten in Höhe von 100.000 Euro. Die fixen Plangemeinkosten werden vom Controlling derzeit auf 50.000 Euro geschätzt. Die variablen Plangemeinkosten werden mit 80.000 Euro kalkuliert.

a) Ermitteln Sie die derzeitige IST-Beschäftigung. **(10 Punkte)**

b) Berechnen Sie auch die Verbrauchsabweichung (ausgehend von der in Aufgabe a) errechneten Ist-Beschäftigung) und erläutern Sie die Folgen für den betrieblichen Planungsprozess. **(11 Punkte)**

Prüfungsähnliche Aufgabe 2: **Betriebsabrechnungsbogen I**

In der Hübner KG wird die Monatsrechnung mithilfe eines Betriebsabrechnungsbogens vorgenommen. Folgender BAB liegt vor, in dem bereits die Gemeinkosten (=Istgemeinkosten) ermittelt wurden:

Kostenstelle	Material	Fertigung	Montage	Verwaltung	Vertrieb
Istgemeinkosten	58.800,00 €	166.600,00 €	159.500,00 €	125.646,00 €	81.816,00 €
Istzuschlagsgrundlage					
Istzuschlagssatz					
Normalzuschlagssatz	15%	420%	270%	16,50%	12%
Normalzuschlagsbasis					
Normalgemeinkosten					
Über- / Unterdeckung					

Außerdem liegen aus dem Abrechnungsmonat noch die folgenden Informationen vor:

Fertigungsmaterial:	350.000 Euro
Fertigungslöhne:	40.000 Euro
Montagelöhne:	58.000 Euro
Umsatz:	828.000 Euro
Bestandserhöhung (Fertigerzeugnisse)	64.000 Euro
Bestandserhöhung (unfertige Erzeugnisse)	38.400 Euro

a) Ermitteln Sie die Ist-Zuschlagssätze der Hauptkostenstellen (auf eine Nachkommastelle) sowie die verrechneten Normalgemeinkosten. Berechnen Sie auch die Abweichungen der Gemeinkosten und geben Sie jeweils an, ob es sich um eine Über- oder Unterdeckung handelt. Tragen Sie die Ergebnisse in der Tabelle oben direkt ein. **(15 Punkte)**

b) Bestimmten Sie
- das **Umsatzergebnis** und
- das **Betriebsergebnis**

des **Abrechnungsmonats**. **(12 Punkte)**

Prüfungsähnliche Aufgabe 3: **Betriebsabrechnungsbogen II**

a) Als Controller in Ihrem Unternehmen haben Sie die Aufgabe, die Gemeinkosten für den aktuellen Monat auf die Kostenstellen im Betriebsabrechnungsbogen zu verteilen. Ermitteln Sie anschließend die Summen der Gemeinkosten pro Kostenstelle. Dafür liegen Ihnen nun folgende Informationen vor:

- die Energiekosten sollen im Verhältnis 2:7:3:1 auf die Kostenstellen verteilt werden,
- die Abschreibungen sollen im Verhältnis 7:40:10:3 auf die Kostenstellen verteilt werden und
- die Heizungskosten werden im Verhältnis der Fläche auf die Kostenstellen verteilt.

Gehen Sie bei der Fläche des Unternehmens von den folgenden Werten aus: **(10 Punkte)**

Kostenstelle	
A) Material	600 m^2
B) Fertigung	1500 m^2
C) Verwaltung	700 m^2
D) Vertrieb	200 m^2

b) Ermitteln Sie die Gemeinkostenzuschlagssätze für die Kostenstellen, wenn die Materialeinzelkosten 79.000 Euro und die Fertigungseinzelkosten 40.000 Euro betragen. **(5 Punkte)**

Kostenart	Summe Gemeinkosten	Material	Fertigung	Verwaltung	Vertrieb
Gehälter	55.982,00 €	3.600,00 €	12.000,00 €	27.982,00 €	12.400,00 €
Hilfslöhne	13.000,00 €	5.000,00 €	8.000,00 €		
Heizungskosten	4.800,00 €				
Energiekosten	6.500,00 €				
Gaskosten	2.800,00 €				
Abschreibungen	14.400,00 €				
sonstige Gemeinkosten	25.898,00 €	3.560,00 €	11.700,00 €	5.998,00 €	4.640,00 €
Summe Gemeinkosten	123.380,00 €	15.800,00 €	50.000,00 €	39.000,00 €	18.580,00 €
Bezugsbasis / Zuschlagsgrundlage				184.800,00 €	184.800,00 €
Gemeinkostenzuschlagssatz					

Prüfungsähnliche Aufgabe 4: **Beschaffungsvolumen**

Die Aris Biotherapeutics GmbH hat ein Beschaffungsvolumen von 240.000.000 Euro. Das Unternehmen profitiert derzeit besonders von der weltweit hohen Nachfrage nach den eigenen hergestellten Arzneimitteln.

Weitere Rahmenbedingungen des Unternehmens sind:

Täglicher Materialverbrauch	1.000.000 Euro
Lagerkostensatz	25%
Sicherheitszeit	20 Tage
Bestellung und Anlieferung	→ erfolgt alle 20 Tage

a) Im Rahmen einer Kostensenkungsoffensive des Unternehmens ermitteln Sie, welche Auswirkungen eine Veränderung der Sicherheitszeit auf 15 Tage und der Anlieferhäufigkeit auf 15 Tage

- auf das gebundene Kapital und
- auf die verursachten Lagerhaltungskosten

hat. **(15 Punkte)**

Errechnen Sie die veränderten Kapitalbindungs- und Lagerkosten unter Verwendung der oben genannten Kennzahlen. Bitte stellen Sie die einzelnen Lösungsschritte dar.

b) Beschreiben Sie zwei mögliche Risiken, die sich aus der Verkürzung der Sicherheitszeit ergeben. **(12 Punkte)**

Prüfungsähnliche Aufgabe 5: **Innerbetriebliche Leistungsverrechnung**

Die Kostenstellen einer Produktionsstätte gliedern sich in die unterschiedlichen Hilfskostenstellen „Arbeitsvorbereitung“ (= H-1) und „Qualitätskontrolle“ (= H-2) sowie in die Hauptkostenstelle „Endfertigung“ (= H-3). Die nachfolgende Tabelle zeigt die Leistungsbeziehungen in Stunden und die primären Stellenkosten der Hilfskostenstellen (k_j) für den Monat Oktober.

von ▾ an ▸	H-1	H-2	H-3	Gesamtkosten (k_j)	davon fix
Arbeitsvorbereitung (H-1)	50 Stunden	60 Stunden	100 Stunden	40.000,00 €	20.000,00 €
Qualitätskontrolle (H-2)	80 Stunden	20 Stunden	100 Stunden	40.200,00 €	10.200,00 €

Ermitteln Sie den innerbetrieblichen Verrechnungspreis für die Leistungen der Hilfskostenstellen nach dem Gleichungsverfahren. **(10 Punkte)**

Multiple-Choice-Fragen zur Wiederholung

A1) Welche der folgend genannten Teilgebiete können dem Rechnungswesen zugeordnet werden.
Hinweis: *Mehrere Antworten sind möglich!*

a) ☐ Materialwirtschaft und Beschaffung

b) ☐ Buchführung und Statistik

c) ☐ Controlling und Marketing

d) ☐ Kosten- und Leistungsrechnung, sowie die Planungsrechnung

A2) Welche der folgend genannten Eigenschaften können dem internen Rechnungswesen zugeordnet werden?
Hinweis: *Mehrere Antworten sind möglich!*

a) ☐ Es erfüllt die Funktion der Information für Steuerbehörden

b) ☐ Es erfüllt die Funktion der Planung, Steuerung und Kontrolle eines Unternehmens

c) ☐ Es erfüllt die Funktion des internationalen Bilanzausweises

d) ☐ Es ist nicht an gesetzliche Vorgaben gebunden

A3) Welche der folgend genannten Eigenschaften können dem externen Rechnungswesen zugeordnet werden?
Hinweis: *Mehrere Antworten sind möglich!*

a) ☐ Es ist nicht an gesetzliche Vorgaben gebunden

b) ☐ Es erfasst Tatbestbestände zwischen Unternehmen und Umwelt

c) ☐ Es ist an gesetzliche Vorgaben gebunden

d) ☐ Es richtet sich nach den Vorgaben des Handels- und Steuerrechts

A4) Welcher der folgenden Aussagen lässt sich dem Zweck von Investitionsrechnungen zuordnen?

a) ☐ Man ermittelt mit ihnen die Kalkulationsbasis für die Produktion

b) ☐ Man ermittelt mit ihnen die Rechnungskreise im Industriekontenrahmen

c) ☐ Man ermittelt mit ihnen die Erfolgsträchtigkeit von Investitionsobjekten

d) ☐ Man ermittelt mit ihnen statistische Wahrscheinlichkeiten über die Rentabilität der Investitionen

A5) Welche der folgenden genannten Beispiele können als „außerordentliche Aufwendungen" betrachtet werden?
***Hinweis**: Mehrere Antworten sind hier möglich!*

a) ☐ Mietkosten für die Produktionshallen

b) ☐ Periodenfremde Steuernachzahlungen

c) ☐ Aufwendungen für einen betriebsinternen Schadensfall

d) ☐ Betriebliche Steuern

C6) Welche der folgenden genannten Bezugsgrößen können den Einzelwagnissen im Rahmen der kalkulatorischen Wagniskosten zugeordnet werden?
***Hinweis**: Mehrere Antworten sind hier möglich!*

a) ☐ Vertriebswagnis

b) ☐ Werbe- und Marketingwagnis

c) ☐ Fertigungswagnis

d) ☐ Anlagenwagnis

A7) Was versteht man unter „aufwandslosen Kosten"?

a) ☐ Kosten, welche als Zweckaufwendungen betrachtet werden

b) ☐ Kosten, denen nur ein geringer Aufwand gegenüber steht

c) ☐ Kosten, welche den tatsächlichen Wertverzehr im Aufwand nicht wiederspiegeln

d) ☐ Kosten, denen kein Aufwand gegenüber steht

A8) Was besagt das Prinzip der „Deckungsgleichheit"?

a) ☐ Es besagt: Kosten müssen sich auf eine Rechnungsperiode beziehen

b) ☐ Es besagt: Kosten müssen sich immer mit einem wirtschaftlichen Ziel decken lassen

c) ☐ Es besagt: Kosten, welche real anfallen und in der KLR erscheinen, müssen sich gegenseitig entsprechen

d) ☐ Es besagt: Festlegung der Kostenarten muss so erfolgen, dass eine zweideutige Zuordnung vermieden wird

A9) Welche der folgenden Aussagen trifft auf die Beschreibung von Einzelkosten zu?

a) ☐ Kosten fallen für das Unternehmen insgesamt an und können nicht unterteilt werden

b) ☐ Kosten fallen nur bei einem bestimmten Produkt an

c) ☐ Kosten werden der Bezugsgröße (Kostenträger, Kostenstelle) direkt zugerechnet

d) ☐ Kosten werden immer einzeln verrechnet und einzeln rechnerisch aufgeführt

A10) Zwischen welche Kostenverläufen unterscheidet man bei den variablen Gesamtkosten?
***Hinweis**: Mehrere Antworten sind hier möglich!*

a) ☐ Konstruktiver und deskonstruktiver Verlauf

b) ☐ Proportionaler und degressiver Verlauf

c) ☐ Progressiver und regressiver Verlauf

d) ☐ Aktiver und inaktiver Verlauf

A11) Welche der folgenden Aussagen trifft auf die Beschreibung der Skontrationsmethode zu?

a) ☐ Es handelt sich um eine sich wiederholende Erhöhung der Beschäftigung

b) ☐ Es handelt sich um eine Fortschreibungsmethode zur Erfassung der Verbrauchsmengen

c) ☐ Es handelt sich um eine Bestandsdifferenzrechnung zur Erfassung der Verbrauchsmengen

d) ☐ Es handelt sich um eine sich wiederholende Bilanzierung im Anlagevermögen

A12) Welche der folgenden Aussagen trifft auf der Kostenbestimmungsfaktoren zu?

a) ☐ Es handelt sich um alle Variablen, welche die Höhe der Kosten beeinflussen

b) ☐ Es handelt sich um alle Variablen, welche den Rhythmus der auftretenden Kosten bestimmen

c) ☐ Es handelt sich um eine Investitionsrechnung mit der Kosten nach Objekt bestimmt werden können

d) ☐ Es handelt sich um volkswirtschaftliche Faktoren, welche die Gesamtkosten am Markt bestimmen

2. Finanzwirtschaftliches Management

VERSTÄNDNISAUFGABEN

Nr.	Aufgabe	Seite	Verstanden	Nicht verstanden
1	**Finanzierungsregeln**	26	☐	☐
2	**Finanzierungsformen**	26	☐	☐
3	**Mezzanine (Art und Bedeutung)**	27	☐	☐
4	**Banking**	28	☐	☐
5	**Finanzierungsentscheidungen**	29	☐	☐
6	**Investitionsentscheidungen**	29	☐	☐
7	**Finanz- und bilanzpolitische Grundlagen**	30	☐	☐
8	**Fremdfinanzierungen**	31	☐	☐
9	**Kapitalfreisetzungseffekt**	32	☐	☐

PRÜFUNGSBLOCK 1

Nr.	Aufgabe	Seite	a) SOLL	a) IST	b) SOLL	b) IST	c) SOLL	c) IST	d) SOLL	d) IST	GESAMT	MINUTEN
1	**Darlehen und Leasing**	33	10		8							120
2	**Statische Investitionsrechnung**	34	10		6							
3	**Industrieobligationen**	35	8		8		5					
4	**Target Costing**	36	5		9		9					
5	**Stammaktien und Vorzugsaktien**	36	8		4		5		5			

Ihre ermittelte Gesamtpunkteanzahl für diese Prüfungsblock ☐

PRÜFUNGSBLOCK 2

Nr.	Aufgabe	Seite	a) SOLL	a) IST	b) SOLL	b) IST	c) SOLL	c) IST	d) SOLL	d) IST	GESAMT	MINUTEN
6	**Factoring**	37	15		10		10					120
7	**Investitionsrechnung**	38	10		10		5		5			
8	**Aktienberechnungen**	39	6		10		2		2			
9	**Obligationsanleihen oder Leasing**	39	15									

Ihre ermittelte Gesamtpunkteanzahl für diese Prüfungsblock ☐

Verständnisaufgabe 1: **Finanzierungsregeln**

Die WARA GmbH nimmt folgende finanzielle Transaktionen vor:

Fall	Finanzierung
Technische Anlagen werden verkauft und das Geld wird als Eigenkapital behalten	
Ein Kredit von der Bank wird durch das vorhandene Eigenkapital getilgt bzw. bezahlt	
Technische Anlagen werden verkauft und das Geld wird auf dem Bankkonto behalten	
Mit dem vorhandenen Geld auf dem Bankkonto wird ein Kredit bezahlt	
Technische Anlagen werden mit dem Geld von einem Bankdarlehen bezahlt	

Bitte tragen Sie hierbei in die rechten Felder bei „Finanzierung" ein, ob es sich um einen **horizontalen** oder **vertikalen Finanzierungsvorgang** handelt.

Verständnisaufgabe 2: **Finanzierungsformen**

Kreuzen Sie bei den folgenden Beispielen die jeweilige Finanzierungsform bzw. Finanzierungsart an. Bei manchen Beispielen sind mehrere Antworten möglich:

		Finanzierung		Außen-finanzierung	Innen-finanzierung	Beteiligungs-finanzierung
		mit Eigenkapital	mit Fremdkapital			
1	Aufnahme eines neuen Gesellschafters					
2	Einbehalten der Gewinne für Investitionen					
3	Ein kurzfristiger Kredit wird in einen langfristigen umgewandelt					
4	Ein zusätzlicher Kredit wird aufgenommen					
5	Eine Ersatzinvestition wird aus Abschreibungsbeträgen finanziert					
6	Es werden Pensionsrückstellungen gebildet					
7	Eine neue Maschine wird mit einem Zahlungsziel von vier Monaten beschafft					
8	Leasing eines Firmen-LKWs					
9	Eine alte Maschine wird zur Verbesserung der eigenen Liquidität veräußert					

Verständnisaufgabe 3: **Mezzanine (Arten und Bedeutung)**

Mezzanine-Kapital kann nicht direkt dem Eigenkapital und auch nicht dem Fremdkapital zugeordnet werden. Es handelt sich hierbei so gesehen um eine Zwischenebene in der Finanzierung eines Unternehmens.

a) Zählen Sie mindestens vier Merkmale dieser Finanzierungsform auf!

b) Erklären Sie, für welche Unternehmen das Mezzanine-Kapital als Finanzierungsform geeignet ist und nennen Sie vier mögliche Einsatzgebiete dafür!

c) Tragen Sie in der folgenden Tabelle zu den vier Finanzierungsinstrumenten beschreibende Stichwörter zu den jeweiligen Merkmalen ein:

Merkmale	**Nachrangdarlehen**	**Typische stille Beteiligung**	**Genussscheine**	**Atypische stille Beteiligung**
Informations- und Zustimmungsrechte				
Haftung im Insolvenzfall				
Bilanzielles Eigenkapital				
Wirtschaftliches Eigenkapital				
Verlustteilnahme				

Verständnisaufgabe 4: **Banking**

Konsortialkredite
M&A-Geschäfte **Cash-Management**
Zahlungsverkehr **Ratenkredite**
Vermögensberatung
Investmentfonds *Termingelder*
Immobilienkredite Investitionskredite
Emissionsgeschäft **Derivate**
ASSET-MANAGEMENT Clearing
Transaktionsstrukturierung

Ordnen Sie die oben aufgeführten Begriffe, den jeweilig zugehörigem Feld zu. Ein Begriff kann auch in mehreren Feldern erscheinen.

	Privatkunden	Vermögende Privatkunden	Firmenkunden	Institutionelle Kunden/Banken
Leistungen aus dem **"Commercial Banking"**				
Leistungen aus dem **"Investment Banking"**				

Verständnisaufgabe 5: **Finanzierungsentscheidungen**

Die Hanzel AG plant die Einführung einer Betriebsdatenerfassung, welche Voraussetzung für die Implementierung eines funktionierenden Controllings ist. Die vorhandene EDV-Anlage müsste dazu erneuert werden. Das Investitionsvolumen beläuft sich hierbei auf 485.000 Euro.

Zur Finanzierung stehen ein Ratendarlehen über die Hausbank sowie ein Leasingangebot mit den folgenden Konditionen zur Auswahl:

RATENDARLEHEN	
Zinssatz	6%
Disagio	3%
Laufzeit	4 Jahre
Die Tilgung erfolgt nachschüssig zum Jahresende	

LEASINGANGEBOT	
Jährliche Leasingrate	152.000,00 €
Kaufoption nach 3 Jahren	72.000,00 €
Die Kaufoption soll ausgeübt werden	

Die Geschäftsführung erwartet von Ihnen eine Entscheidungsvorbereitung unter Berücksichtigung einer möglichst geringen Liquiditätsbelastung.

Berechnen Sie anhand der vorgegebenen Daten die Liquiditätsbelastungen (z. B. Tilgungsplan) für beide Alternativen und entscheiden Sie sich begründet für eine Alternative.

Verständnisaufgabe 6: **Investitionsentscheidungen**

Die Hanzel AG steht vor einer Investitionsentscheidung im Fertigungsbereich. Zur Auswahl stehen nun zwei Anlagen, welche durch die folgenden Zahlungsreihen gekennzeichnet sind:

Bei der Anlage Nr. 1 (Investitionsvolumen: 290.000 Euro)

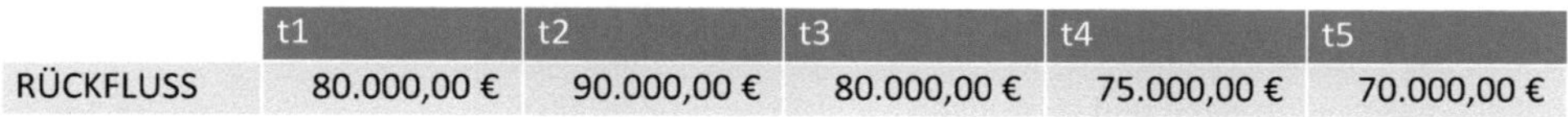

	t1	t2	t3	t4	t5
RÜCKFLUSS	80.000,00 €	90.000,00 €	80.000,00 €	75.000,00 €	70.000,00 €

Bei der Anlage Nr. 2 (Investitionsvolumen: 280.000 Euro)

	t1	t2	t3	t4	t5
RÜCKFLUSS	78.000,00 €	78.000,00 €	78.000,00 €	78.000,00 €	78.000,00 €

Rückfluss = Einzahlungen – Auszahlungen

a) Führen Sie einen Vorteilhaftigkeitsvergleich mithilfe der Annuitätenmethode durch. Der Vorstand fordert eine Mindestverzinsung von 10%.

b) Begründen Sie, ob die Kapitalwertmethode bzw. Annuitätenmethode bei der Beurteilung eines einzelnen Investitionsobjekts immer zur gleichen Investitionsentscheidung führen.

Verständnisaufgabe 7: **Finanz- und bilanzpolitische Grundlagen**

Nicht jeder Aufwand stellt auch Kosten dar.

a) Erklären Sie den Begriff „Kosten"!

b) Begründen Sie die Notwendigkeit der Abgrenzung zwischen der Finanzbuchhaltung und der Kosten- und Leistungsrechnung.

c) Erklären Sie, warum die bilanzielle Abschreibung nicht für die Kostenrechnung geeignet ist.

d) Um die kalkulatorischen Zinsen zu bestimmen, muss zunächst das betriebsnotwendige Kapital ermittelt werden.

Ermitteln Sie aus den unten stehenden Angaben zur Bilanz:

- das betriebsnotwendige Anlagevermögen, das betriebsnotwendige Umlaufvermögen sowie das betriebsnotwendige Vermögen,
- das Abzugskapital,
- die monatlichen kalkulatorischen Zinsen bei einem angenommenen Zinssatz von 9%.

Grundstücke / Gebäude	**840.000,00 €**
davon vermietete Wohngebäude	140.000,00 €
Fuhrpark	170.000,00 €
Betriebs- und Geschäftsausstattung	200.000,00 €
Warenvorräte	610.000,00 €
Forderungen	60.000,00 €
Zahlungsmittel	90.000,00 €
Aktive Posten der Rechnungsabgrenzung	10.000,00 €
Eigenkapital	900.000,00 €
Steuerrückstellungen	420.000,00 €
Darlehens- und Hypothekenschulden	200.000,00 €
Verbindlichkeiten aus Lieferungen und Leistungen	300.000,00 €
Anzahlungen von Kunden	25.000,00 €
Zinslose Darlehen	30.000,00 €

Die tatsächlich gezahlten Zinsen betrugen im abgelaufenen Geschäftsjahr 42.000 €.

Verständnisaufgabe 8: **Fremdfinanzierung**

Die MEGABAU GmbH plant eine neue Werkhalle, welche durch die Aufnahme von Fremdmitteln finanziert werden soll.

a) Beschreiben Sie die sechs nachstehenden Kriterien, die der Finanzvorstand im Rahmen einer Fremdfinanzierung zu beachten hat, um eine optimale Finanzierung zu erhalten:

- Zinsbindung des Kreditgebers (bei Niedrigzinsphase und Hochzinsphase),
- Tilgung,
- Vereinbarung von Sondertilgungen,
- zinsgünstigster Jahreszins,
- Nebenkosten (soweit nicht im Effektivzins berücksichtigt),
- Auszahlungszeitpunkt.

b) Geben Sie einen Maßstab an um die Kreditangebote vergleichbar zu machen und nennen Sie dabei sechs Gebühren/Kosten, welche sich grundsätzlich auf die Höhe der Verzinsung auswirken.

c) Begründen Sie, welcher Teil der Annuität sich auf die Ertragsrechnung auswirkt.

Verständnisaufgabe 9: **Kapitalfreisetzungseffekt**

Die Wilhelm Kahlmann GmbH ist ein Süßwarenhersteller aus Köln. Sie erwarb in vier aufeinander folgenden Jahren vier Maschinen im Wert von 50.000 Euro, 60.000 Euro, 80.000 Euro und 100.000 Euro; geschätzte Nutzungsdauer der Maschinen jeweils vier Jahre. Nach der Abschreibung werden die Maschinen ersetzt, die Reinvestitionen werden aus den Abschreibungen finanziert.

a) Verwenden Sie die folgende Tabelle und stellen Sie für sieben Jahre den Ablauf mit Abschreibungsverlauf, Reinvestitionen, Finanzierung der Reinvestitionen usw. dar.

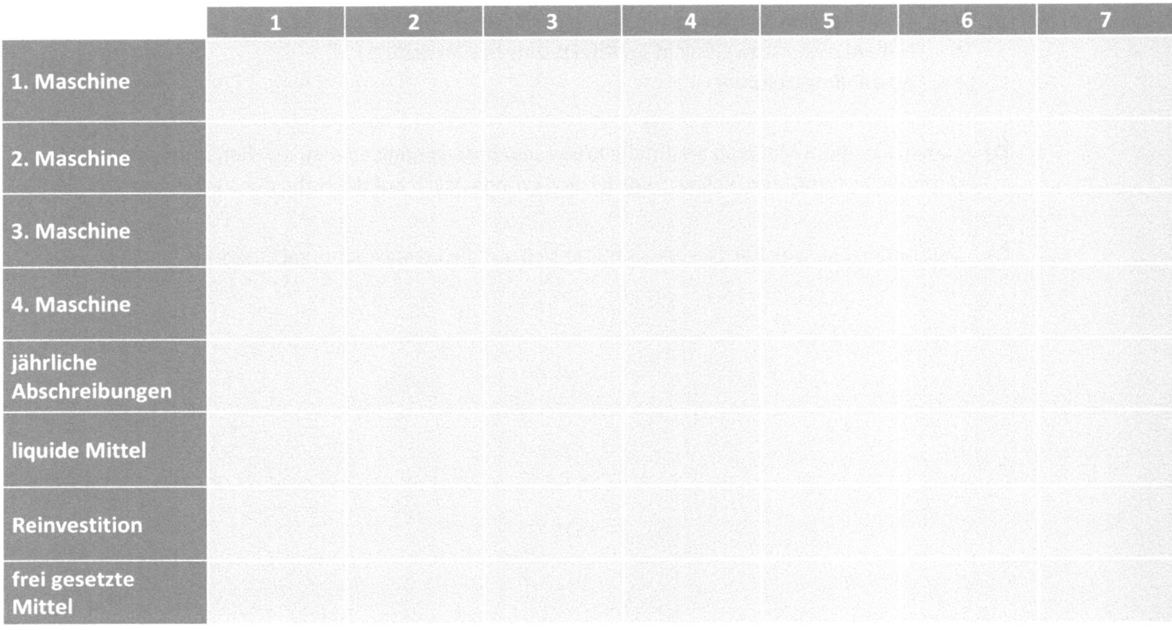

	1	2	3	4	5	6	7
1. Maschine							
2. Maschine							
3. Maschine							
4. Maschine							
jährliche Abschreibungen							
liquide Mittel							
Reinvestition							
frei gesetzte Mittel							

b) Erklären Sie den Kapitalfreisetzungseffekt durch Abschreibungen. Ziehen Sie dazu das Beispiel heran.

Prüfungsähnliche Aufgabe 1: **Darlehen und Leasing**

Bei der Middelhoff GmbH soll eine Anlage zu einem Preis von 400.000 Euro finanziert werden. Die Nutzungsdauer beträgt hierbei zehn Jahre. Dem Unternehmen liegen nun zwei unterschiedliche Darlehensangebote und eine Leasingfinanzierung vor:

Angebote von Banken

Konditionen	Darlehen N° 1	Darlehen N° 2
Kreditsumme	**400.000,00 €**	**400.000,00 €**
Kreditlaufzeit	8 Jahre	8 Jahre
Kreditzinsen	9,5 % von der Restschuld	9,5 % von der Restschuld
Tilgung	8 gleichbleibende jährliche Raten	steigend
Annuität	fallend	jährlich gleichbleibend: 73.618,24 Euro

Angebot der Leasinggesellschaft

Grundmietzeit	**8 Jahre**
Abschlussgebühr	2,50%
Leasingrate pro Jahr	15,5% zahlbar zum Schluss eines jeden Kalenderjahres

a) Vergleichen Sie die Gesamtausgaben je Finanzierungsart und geben Sie eine begründete Entscheidung für eines der Angebote. Steuerliche Aspekte sind hierbei nicht zu berücksichtigen. **(10 Punkte)**

b) Nennen Sie zwei Vor- und Nachteile des Leasings als Finanzierungsinstrument für Unternehmen. **(8 Punkte)**

Prüfungsähnliche Aufgabe 2: **Statische Investitionsrechnung**

Eine geplante Investition bei der Power Druck AG wird voraussichtlich eine alte Druckmaschine verdrängen. Dennoch überlegt das Controlling ob sich eine neue Druckmaschine im Rahmen eines Kostenvergleichs auch wirklich lohnen würde. Hierfür recherchiert es die erforderlichen Informationen, welche die folgenden sind:

Neue Maschine	
Anschaffungskosten	250.000,00 €
Nutzungsdauer	5 Jahre
Betriebskosten	5.000,00 Euro pro Jahr

Der Lieferant der neuen Maschine würde der Power Druck AG bei einem Barkauf noch zusätzlich 3% Skonto gewähren.

Alte Maschine	
Betriebskosten	8.000,00 Euro pro Jahr
Restwert	10.000 Euro

Der vorgegebene Kalkulationszinssatz von Ihnen beträgt 8%.

a) Für welche Maschine wird sich die Controlling-Abteilung im Rahmen einer statischen Kostenvergleichsrechnung entscheiden, wenn der Barkauf genutzt wird? **(10 Punkte)**

b) Welche Faktoren können bei diesem Fallbeispiel zu einer anderen Entscheidung führen? **(6 Punkte)**

Prüfungsähnliche Aufgabe 3: **Kapitalbedarf**

Die SOLAR-POWER SE plant die Gründung einer neuen Zweigniederlassung in Bulgarien. Dafür liegen nun folgende Plandaten vor:

Umschlagshäufigkeit des Materiallagers (360 Tage p.a.)	15
Lieferantenziel	20 Tage
durchschnittliche Fertigungsdauer	30 Tage
durchschnittliche Lagerdauer der Fertigungserzeugnisse	10 Tage

durchschnittlicher Rohstoffeinsatz pro Tag	2.500,00 €
durchschnittlicher Fertigungslohn pro Tag	15.000,00 €
durchschnittliche Gemeinkosten pro Tag	5.000,00 €

Kapitalbedarf des Anlagevermögens	650.000,00 €
Kapitalbedarf für Gründung und Ingangsetzung	50.000,00 €

Den Kunden wird von dem Unternehmen grundsätzlich ein Zahlungsziel von 30 Tagen gewährt. Aus der Erfahrung her ist bekannt, dass 30% der Forderungen nach 30 Tagen, 40% nach 40 Tagen und 30% nach 60 Tagen eingehen. Aus diesen Angaben ist ein durchschnittlich in Anspruch genommenes Kundenziel der Planung zu Grunde zu legen (Gewinn oder Kosten für verspätete Zahlungen werden nicht berücksichtigt).

a. Ermitteln Sie den durchschnittlichen Kapitalbedarf für das Umlaufvermögen nach der elektiven Methode. Orientieren Sie sich dabei auch an der folgenden Skizzierung von Zeitangaben:

20 Tage	24 Tage	30 Tage	10 Tage	43 Tage
Lieferantenziel	Materiallager	Fertigung	Lager Fertigun	Kundenziel

(8 Punkte)

b. Berechnen Sie den Gesamtkapitalbedarf. **(8 Punkte)**

c. Für die Steuerung des Materialbedarfs ist die Einrichtung eines Sicherheitsbestandes vorgesehen. Erklären Sie die Bedeutung des Sicherheitsbestands und begründen Sie, warum dieser auch langfristig finanziert werden muss. **(5 Punkte)**

Prüfungsähnliche Aufgabe 4: **Target Costing**

Die Controlling-Abteilung der WARA AG stellt seit geraumer Zeit fest, dass bei Verpackungen aus Kunststoff kein Gewinn mehr erzielt wird. Als Grundlage für die Preisermittlung wird bisher die Zuschlagskalkulation eingesetzt.

Um wieder in die Gewinnzone zu gelangen, wird von der Geschäftsführung vorgeschlagen, bei diesen Produkten das Verfahren Target-Costing einzusetzen.

a) Beschreiben Sie die Zielsetzung, die mit dem Einsatz von Target-Costing erreicht werden soll.
(5 Punkte)

b) Beschreiben Sie drei Phasen des Target Costing
(9 Punkte)

c) Erläutern Sie die folgenden Begriffe:

- Drifting Costs
- Allowable Costs
- Target Price

(9 Punkte)

Prüfungsähnliche Aufgabe 5: **Stammaktien und Vorzugsaktien**

Die Aktien der Chebra`s Erfrischungsgetränke AG sind zu 65% als Stammaktien im Besitz der Gründer und deren Familienangehörigen. 2015 ging das Unternehmen an die Börse und seither sind 35% der Aktien, welche vorher bei den Gründern waren, als stimmrechtslose Vorzugsaktien in der Öffentlichkeit breit gestreut.

a) Nennen Sie vier Rechte, welche die Inhaber einer Stammaktie haben.
(8 Punkte)

b) Nennen Sie zwei mögliche Vorteile von stimmrechtslosen Vorzugsaktien für einen Aktionär.
(4 Punkte)

c) Geben Sie einen wirtschaftlichen Grund an, der die Gründer zum Gang an die Börse veranlasst haben könnte und der die Entscheidung auf die Ausgabe von Vorzugsaktien fallen ließ.
(5 Punkte)

d) In naher Zukunft soll eine ordentliche Kapitalerhöhung in Höhe von 20 Mio. Euro durchgeführt werden. Der Nennwert der Aktie wird dann 5,50 Euro je Aktie betragen. Die AG muss dann zusammen mit den beteiligten Banken den Ausgabepreis der Aktien festlegen. Erläutern Sie, welche Höhe der Ausgabepreis höchstens bzw. mindestens betragen wird. Es ist hierbei keine Berechnung erforderlich. **(5 Punkte)**

Prüfungsähnliche Aufgabe 6: **Factoring**

Die Auralis AG räumt ihren Kunden im In- und Ausland fast durchweg ein Zahlungsziel von 45 Tagen ein. Die überwiegende Zahl dieser Kunden nutzt dieses Zahlungsziel auch voll aus. Der permanent hohe Forderungsbestand des Unternehmens belastet derzeit allerdings die Liquidität. Deshalb hat das Management des Unternehmens nun beschlossen, ihre Forderungen aus Lieferungen und Leistungen fortlaufend an einen Factoring-Dienstleister zu verkaufen.

Folgende Eckdaten liegen Ihnen vor:

- Durchschnittlich bestehen offene Forderungen in Höhe von 80 Mio. Euro
- Die jährlichen Forderungsausfälle (ermittelt auf Basis der letzten drei Jahre) betragen durchschnittlich 3 Mio. Euro.

Die Factoring-Gesellschaft nennt für die Vorfinanzierung des gesamten Debitorenbestandes die folgenden Bedingungen:

- **Auszahlung bei Ankauf**: 80% Restzahlung nach Eingang der Kundenzahlung (Restzahlung entfällt bei Forderungsausfall),
- **Finanzierungsgebühr**: 4,875 % p.a. für die sofort erfolgte Auszahlung bei Ankauf.
- **Factoring-Gebühr**: 0,5 % Dienstleistungsgebühr plus 0,6 % Delkrederegebühr, jeweils berechnet auf den Factoring-Umsatz, der mit 80% des Jahresumsatzes anzunehmen ist.

Das Management erwartet infolge der dauerhaften Zusammenarbeit mit dem Factoring-Anbieter folgende Einspareffekte:

- Durchgängige Senkung der Kontokorrentkreditbeanspruchung um 60 Mio. Euro; Kontokorrentzinssatz 8%,
- Möglichkeit der Skontoziehung aus Lieferantenrechnungen; durchschnittlich 2% des Rechnungsbetrages; skontierbare Rechnungen insgesamt erwartet: 120 Mio. Euro
- Der Arbeitsplatz einer im Mahnwesen beschäftigten Angestellten, die den Betrieb zum Jahresbeginn verlassen hat, muss nicht neu besetzt werden. Die jährliche Ersparnis beträgt an Personalkosten 58.000 Euro, an Sachkosten 50% der ersparten Personalkosten.

a) Überprüfen Sie rechnerisch, ob – und ggf. mit welcher Ersparnishöhe – die Annahme des Angebotes des Factoring-Dienstleisters für die Auralis AG vorteilhaft ist.
(15 Punkte)

b) Überprüfen Sie gesondert rechnerisch, ob es im gegebenen Fall sinnvoll sein könnte, ein unechtes Factoring zu vereinbaren. Gehen Sie dabei auf je einen Vorteil und einen Nachteil für die Auralis AG ein.
(10 Punkte)

c) Stellen Sie die Möglichkeit dar, mithilfe von Skontogewährung die Umschlagshäufigkeit der Forderungen zu verbessern. Gehen Sie dabei auf mögliche Vor- und Nachteile ein.
(10 Punkte)

Prüfungsähnliche Aufgabe 7: **Investitionsrechnung**

Die Auralis AG plant derzeit eine Investition in eine spezielle Anlage für die Produktion. Das Investitionsvolumen beträgt hierbei 480.000 Euro, die geplante Nutzungsdauer der Anlage liegt im Zwei-Schicht-Betrieb bei sechs Jahren.

Das Unternehmen plant im Durchschnitt mit 250 Arbeitstagen pro Jahr. Pro Schicht können maximal 2.500 Stück eines Artikels hergestellt werden. Die geplanten Stillstandzeiten der Anlage liegen bei 20%.

Der Erlös pro Artikel liegt bei voraussichtlich 0,80 € (ohne Umsatzsteuer). Der Vertrieb schätzt die Verkaufsmenge auf 800.000 Stück pro Jahr. Die Vorkalkulation weist variable Kosten von 0,48 Euro je Stück aus, sofern die Anlage im Zwei-Schicht-Betrieb gefahren wird. Außerdem fallen voraussichtlich 136.000 Euro auszahlungswirksame Fixkosten beim Betrieb der Anlage an.

Der Kalkulationszinssatz wurde bei der Auralis AG einheitlich auf 10 % p.a. festgelegt. Runden Sie Ihre Ergebnisse auf ganze Euro.

a) Gehen Sie von einem jährlichen Zahlungsüberschuss von 120.000 Euro aus. Ermitteln Sie den internen Zinsfuß des Investitionsvorhabens und interpretieren Sie das Ergebnis. Verwenden Sie hierzu den Kalkulationszinssatz und wählen Sie den Abstand zwischen den beiden Versuchszinssätzen mit 4%.
(10 Punkte)

b) Bestimmen Sie die Vorteilhaftigkeit des Investitionsvorhabens anhand der Annuitätenmethode.
(10 Punkte)

c) Das Management möchte wissen, wie sich das Projekt auf das kostenrechnerische Betriebsergebnis pro Nutzungsjahr auswirkt. Berücksichtigen Sie dabei die nicht auszahlungswirksamen Fixkosten (kalkulatorische Abschreibung und kalkulatorischer Zins). Stellen Sie dies in einer einstufigen Deckungsbeitragsrechnung dar.
(5 Punkte)

d) Bestimmen Sie die Break-even-Stückzahl sowie den Break-even-Beschäftigungsgrad des Projektes und geben Sie darauf aufbauend eine Einschätzung des Investitionsrisikos ab.
(5 Punkte)

Prüfungsähnliche Aufgabe 8: **Aktienberechnungen**

Die Aktionäre der Aurelis AG bewerten ihre Aktien nach dem Barwert der zukünftigen Dividenden. Aufgrund der bisherigen Gegebenheiten wurde mit einer auf unbegrenzte Dauer gleichbleibenden jährlichen Ausschüttung von 15 Mio. Euro, d. h. 15 Euro je Aktie (Nominalwert 100 Euro) gerechnet.

a) Wie hoch ist der Wert einer Aktie, wenn die Aktionäre ihren Berechnungen einen Kalkulationszinssatz von 10% zugrunde legen? **(6 Punkte)**

b) Die Aurelis AG gibt bekannt, dass eine ordentliche Kapitalerhöhung zu folgenden Bedingungen vorgesehen ist:

- Bezugsverhältnis 4:1
- Emissionskurs 120 Euro pro neue Aktie

Zudem wird mit einer Erhöhung der jährlichen Dividende um 5 Euro pro Aktie gerechnet. Um wieviel verändert sich in diesem Beispiel der Wert einer Aktie nach Ankündigung der Dividenden- und Kapitalerhöhung? **(10 Punkte)**

c) Bestimmen Sie den rechnerischen Wert des Bezugsrechts. **(2 Punkte)**

d) Nennen Sie mögliche Überlegungen, die zu einem Emissionskurs von 120 Euro und nicht zu einem höheren (z. B. 140 Euro) geführt haben. **(2 Punkte)**

Prüfungsähnliche Aufgabe 9: **Obligationenanleihe oder Leasing**

Bei einem Vorstellungsgespräch als zukünftiger Bilanzbuchhalter, möchte sie der Finanzchef des Unternehmens einem Test unterziehen. Er erzählt Ihnen, dass sein früherer Bilanzbuchhalter ihn zum Problem Obligationenanleihe oder Leasing aufgrund der folgenden Daten beraten sollte:

- **Obligationenanleihe** von 10.000.000 Euro auf 10 Jahre fest. Zins ist 5% und die Emissionskosten betragen 300.000 Euro. Zinskosten von 5.000.000 Euro und die Rückzahlung der Schuld von 10.000.000 Euro ergeben totale Auszahlungen von 15.300.000 Euro.
- **Leasing** auf einen Betrag von 10.000.000 Euro, rückzahlbar innerhalb10 Jahren. Die Bereitstellungsgebühr von 50.000 Euro und 120 monatliche Mieten a 111.500 Euro ergeben totale Auszahlungen von 13.430.000 Euro.

Der frühere Bilanzbuchhalter schlug dem Finanzchef die Obligationenanleihe vor (aufgrund des Kalkulationszinssatzes von 5%), von dieser er aber überhaupt nicht überzeugt war. Seine Meinung nach überwog eindeutig die Leasing-Variante, wie sich leicht aus der hier aufgezeigten Datenkonstellation ersehen lässt.

a) Wie stellen Sie sich zur Aussage des Finanzchefs bzw. seiner Assistentin? Begründen Sie Ihre Antwort. **(10 Punkte)**

b) Wie würde Ihre Lösung aussehen aufgrund ihrer Aussage in der Aufgabe a)? **(5 Punkte)**

Multiple-Choice-Fragen zur Wiederholung

B1) Welche der folgend genannten Beschreibungen trifft auf Kassengeschäfte zu?

a) ☐ Die Abwicklung des halbbaren Zahlungsverkehrs

b) ☐ Die Abwicklung des baren Zahlungsverkehrs

c) ☐ Die Abwicklung von Buchgeld mit der Verrechnung von Bargeld

d) ☐ Die Abwicklung von Lastschrift mit der Verrechnung von unternehmenseigenen Kassenbeständen

B2) Welche der folgend genannten Beschreibungen trifft auf den Zahlungsverkehr mit Wechseln zu?

a) ☐ Bargeldloser Zahlungsverkehr zwischen börsennotierten Unternehmen

b) ☐ Bargeldloser Zahlungsverkehr, welcher durch das Wechselgesetz (WG) geregelt wird

c) ☐ Devisentausch an internationalen Finanzmärkten

d) ☐ Devisenaufkauf durch einen international legitimierten Broker

B3) Zwischen welchen der folgenden Wechselarten wird nach dem Wechselgesetz unterschieden?
***Hinweis**: Mehrere Antworten sind hier möglich!*

a) ☐ Gezogener Wechsel

b) ☐ Bestätigter Wechsel

c) ☐ Dokumentierter Wechsel

d) ☐ Eigener Wechsel

B4) Durch welches der genannten Instrumente wird ein Wechsel übertragbar?

a) ☐ Durch einen Kaufvertrag

b) ☐ Durch ein Indossament bzw. Übertragungsvermerk

c) ☐ Durch einen erteilten Wechselkredit

d) ☐ Durch ein SWAP-Geschäft

B5) Welche der folgend genannten Personen/Organisationen sind bei einem Akkreditiv erforderlich?
***Hinweis**: Mehrere Antworten sind hier möglich!*

a) ☐ Akkreditivbank

b) ☐ Akkreditivsteller

c) ☐ Akkreditivgutachter

d) ☐ Akkreditierter

B6) Welche der folgenden Finanzinstrumente zählen zu den Devisentermingeschäften?
***Hinweis**: Mehrere Antworten sind hier möglich!*

a) ☐ Wertpapiere

b) ☐ Optionen

c) ☐ Futures

d) ☐ Outright-Geschäfte

B7) Welche der folgenden genannten Ziele werden durch die Finanzwirtschaft generell verfolgt?
***Hinweis**: Mehrere Antworten sind hier möglich!*

a) ☐ Sicherung der Liquidität und der Rentabilität.

b) ☐ Sicherung der Produktivität und der Kundenversorgung.

c) ☐ Angemessene Kapitalstruktur und günstige Kapitalausstattung.

d) ☐ Erhöhung des Firmenwerts und der Shareholder Value.

B8) Welcher Aussagewert kann durch die Rentabilität (als Kennzahl) eines Unternehmens getroffen werden?

a) ☐ Diese Kennzahl zeigt die Eigenleistung eines jeden Mitarbeiters an.

b) ☐ Diese Kennzahl zeigt das Verhältnis von Gewinn zum Kapital an.

c) ☐ Diese Kennzahl zeigt die Gewinnverwendung auf.

d) ☐ Diese Kennzahl ist dieselbe wie die optimale Bestellmenge.

B9) Welches der folgenden Gründe kann die Eröffnung eines Insolvenzverfahrens haben?
***Hinweis**: Mehrere Antworten sind hier möglich!*

a) ☐ Überhöhte Preisangebote des Produktangebots.

b) ☐ Drohende Zahlungsunfähigkeit oder Zahlungsunfähigkeit.

c) ☐ Überschuldung bei einer juristischen Person.

d) ☐ Höhere Fremdkapitalaufnahme und verringerter Cashflow.

B10) Welche der folgenden genannten Kreditarten zählt zu der langfristigen Fremdfinanzierung?
***Hinweis**: Mehrere Antworten sind hier möglich!*

a) ☐ Lieferantenkredit

b) ☐ Schuldscheindarlehen

c) ☐ Industrieobligationen

d) ☐ Diskontkredit

B11) Welche der folgenden genannten Kreditarten zählt zu der kurzfristigen Fremdfinanzierung?
***Hinweis**: Mehrere Antworten sind hier möglich!*

a) ☐ Kontokorrentkredit

b) ☐ Darlehen

c) ☐ Diskontkredit

d) ☐ Industrieobligationen

B12) Welcher Aussagewert wird durch die unterschiedlichen Deckungsgrade ausgedrückt?

a) ☐ Die Deckung der unterschiedlichen Bedarfsmengen.

b) ☐ Der Zusammenhang zwischen Kapitalbeschaffung und Kapitalverwendung.

c) ☐ Die Aussagekraft von Vermögensstrukturen unter den Eigentümern.

d) ☐ Die Balance zwischen Anlage- und Umlaufvermögen.

III. Prüfungsteil B

3. Zwischen- und Jahresabschlüsse (nationales Recht)

VERSTÄNDNISAUFGABEN

Nr.	Aufgabe	Seite	Verstanden	Nicht verstanden
1	**Inhalt eines Jahresabschlussess**	45	☐	☐
2	**Komponenten eines Jahresabschlusses**	45	☐	☐
3	**Jahresabschluss & Bilanzierung**	46	☐	☐
4	**Verstöße gegen die GoB?**	47	☐	☐
5	**Ordnungsmäßigkeit der Buchführung**	47	☐	☐
6	**Anschaffungskosten nach HGB**	48	☐	☐
7	**Rückstellung und Rücklage**	48	☐	☐
8	**Einzel- und Konzernabschluss**	48	☐	☐
9	**Umfirmierung und GmbH-Gründung**	49	☐	☐

PRÜFUNGSBLOCK 1

Nr.	Aufgabe	Seite	a) SOLL	a) IST	b) SOLL	b) IST	c) SOLL	c) IST	d) SOLL	d) IST	GESAMT	MINUTEN
1	**Bilanzerstellung**	50	25									
2	**Anschaffungskosten I**	51	15									
3	**Anschaffungskosten II**	52	15		5							**120**
4	**Bilanzansätze nach IFRS**	53	10									
5	**Liquidation einer OHG**	54	30									

Ihre ermittelte Gesamtpunkteanzahl für diese Prüfungsblock ☐

In den IHK-Prüfungen ist für diesen Prüfungsteil eine Bearbeitungszeit von 240 Minuten angesetzt. Daher wurden die Aufgaben in diesem Prüfungsblock etwas verkürzt und auf eine Bearbeitungszeit von 120 Minuten angepasst.

Verständnisaufgabe 1: **Inhalt eines Jahresabschlusses**

Herr Jacobs gründete nach seiner abgelegten Meisterprüfung ein eigenes Bauunternehmen. Als noch junger Existenzgründer bittet er Sie um Rat bzgl. der Inhalte eines Jahresabschlusses. Er interessiert sich auch für die Frage, ob sich bei einem Jahresabschluss gewisse Unterschiede nach Handels- und Steuerrecht ergeben.

a) Versuchen Sie in wenigen Sätzen Herrn Jacobs bzgl. seiner Fragen zu antworten!

b) Erläutern Sie auch, ob sich Inhalte des Jahresabschlusses bei Personen- und Kapitalgesellschaften unterscheiden!

Verständnisaufgabe 2: **Komponenten eines Jahresabschlusses**

Zählen Sie auf, aus welchen Komponenten der Jahresabschluss bei den jeweiligen folgenden Unternehmen besteht!

A	Einzelunternehmer Herr Schmidt, Umsatz 10 Mio. €, Bilanzsumme 26 Mio. €, 2.000 Arbeitnehmer
B	Einzelunternehmer Herr Kahlberg, Umsatz 180 Mio. €, Bilanzsumme 90 Mio. €, 7.000 Arbeitnehmer
C	Consalis GmbH, Umsatz 320 T€, Bilanzsumme 450.000 €, 8 Arbeitnehmer
D	Kalando GmbH, Umsatz 15 Mio. €, Bilanzsumme 8 Mio. €, 70 Arbeitnehmer
E	Ferano Stahl AG (an der Börse gelistet, kein Konzern), Umsatz 38 Mio. €, Bilanzsumme 20 Mio. €, 240 Arbeitnehmer
F	Urban Wear GmbH & Co.KG, Umsatz 50 Mio. €, Bilanzsumme 55 Mio. €, 310 Arbeitnehmer

Verständnisaufgabe 3: **Jahresabschluss & Bilanzierung**

Ihnen liegen nun folgende Bilanzen der Power AG vor:

AKTIVA	Bilanz zum 31.12.2014		PASSIVA
Bebaute Grundstücke	260.000,00 €	Eigenkapital	340.000,00 €
Technische Anlagen	184.000,00 €	Darlehen	247.500,00 €
Geschäftsausstattung	64.775,00 €	Verbindlichkeiten	34.525,00 €
Vorräte	37.850,00 €		
Forderungen	44.900,00 €		
Bank	26.000,00 €		
Kasse	4.500,00 €		
	622.025,00 €		622.025,00 €

AKTIVA	Bilanz zum 31.12.2015		PASSIVA
Bebaute Grundstücke	260.000,00 €	Eigenkapital	370.000,00 €
Technische Anlagen	287.500,00 €	Darlehen	264.600,00 €
Geschäftsausstattung	84.535,00 €	Verbindlichkeiten	78.315,00 €
Vorräte	24.880,00 €		
Forderungen	37.500,00 €		
Bank	14.500,00 €		
Kasse	4.000,00 €		
	712.915,00 €		712.915,00 €

Im Laufe des Jahres 2015 hatte Herr Helmut Lotter, der Geschäftsführer des Unternehmens, monatliche Privatentnahmen in Höhe von 2.500 Euro getätigt. Außerdem hat im Jahr 2015 ein stiller Gesellschafter eine Einlage in Höhe von 15.000 Euro eingebracht.

a) Ermitteln Sie aufgrund der vorliegenden Informationen nun den Jahresüberschuss für 2015.

b) Berechnen Sie die Eigenkapitalrentabilität für 2015 vom durchschnittlichen Eigenkapital.

Verständnisaufgabe 4: **Verstöße gegen die GoB?**

Beurteilen Sie, ob und inwieweit bei den folgenden Bilanzansätzen ein Verstoß gegen die GoB (Grundsätze ordnungsgemäßer Buchführung) vorliegen.

Nennen Sie ebenso die entsprechenden Paragraphen!

1) In der Bilanz der Chebra`s GmbH werden Bargeld, Postgiro- und Bankguthaben unter einer Sammelposition als „Liquide Mittel" ausgewiesen.

2) Um einen Verkaufsrückgang nicht offen legen zu müssen, sollen die bisher getrennt ausgewiesenen Roh-, Hilfs- und Betriebsstoffe, fertige und unfertige Erzeugnisse in einer Bilanzposition ausgewiesen werden. Ebenso soll kein Vermerk hierzu vorgenommen werden.

3) Der Marktwert eines Grundstücks (welches das Unternehmen bereits besitzt) ist inzwischen auf das Fünffache gestiegen. Dieser Wertansatz soll deshalb auch im Interesse der Bilanzwahrheit erhöht werden.

4) Die im Dezember des abgelaufenen Geschäftsjahres gezahlten Versicherungsprämien für das erst Quartal des Folgejahres wurden nicht im Jahresabschluss ausgewiesen.

Verständnisaufgabe 5: **Ordnungsmäßigkeit der Buchführung**

Zuordnung der Ordnungsmäßigkeit

formelle Ordnungsmäßigkeit	materielle Ordnungsmäßigkeit
▪ Übersicht durch Kontenplan, ▪ lebende Sprache, ▪ fortlaufende Nummerierung, ▪ keine leeren Zwischenräume, ▪ Geordnetes Belegwesen, ▪ Aufbewahrungspflichten	▪ Zeitgerechte und geordnete Buchungen, ▪ vollständige und richtige Eintragungen, ▪ jährliche Inventur, ▪ Nachprüfbare Ablage der Belege, ▪ Richtige Bewertung nach Handels- und Steuerrecht

Verständnisaufgabe 6: **Anschaffungskosten nach HGB**

Die Summercool Klimatechnik AG kaufte eine EDV-Anlage für das betriebseigene Büro. Die Auswahl des Modells nahm in der Beschaffungsabteilung zwei Monate in Anspruch. Außerdem wurde im Computerraum ein Klimagerät aus der eigenen Produktion installiert, welches dort für die Anlage die nötige Temperatur und Luftfeuchtigkeit herstellt. Dabei entstandene Kosten sind:

Preis der Anlage (inkl. 19% als vorsteuerabzugsfähige Umsatzsteuer)	95.200,00 €
Kosten der Montage (inkl. 19% als vorsteuerabzugsfähige Umsatzsteuer)	3.570,00 €
Anteilige Kosten der Beschaffungsabteilung	4.595,00 €
Frachtkosten (inkl. 19% als vorsteuerabzugsfähige Umsatzsteuer)	595,00 €
Herstellungskosten des Klimagerätes	970,00 €
Montagekosten des Klimagerätes	150,00 €

Mit welchem Betrag ist die EDV-Anlage nach handelsrechtlichen Vorschriften anzusetzen und welche der aufgeführten Kosten müssen sofort als Aufwand behandelt werden?

Verständnisaufgabe 7: **Rückstellung und Rücklage**

Erläutern Sie den Unterschied zwischen einer Rücklage und einer Rückstellung und nennen Sie jeweils 2 Beispiele.

Verständnisaufgabe 8: **Firmen- und Geschäftswert**

Die Weinkenner AG vertreibt Spitzenweine aus Baden-Württemberg über unterschiedliche Vertriebskanäle.

Sachverhalt: Erwin Schuhmann, Jahrgang 1946, betrieb über viele Jahre die „Schuhmann Spätlese Wein e.K.“; Um nun den Ruhestand zu genießen, verkaufte er am 26. Juni 2015 (=Übernahmezeitpunkt) seine Einzelfirma an die Weinkenner AG. Der Kaufpreis betrug hierbei 4 Mio. Euro.

Die Weinkenner AG übernahm die Aktiva und Passiva der Schuhmann Spätlese Wein e.K. im Übernahmezeitpunkt in ihre Bücher. Der Vorgang wurde bei den Arbeiten zur Erstellung des Jahresabschlusses per 31. Dezember 2015 mit erledigt.

Die Weinkenner AG ist stets bemüht, ihr Bilanzbild gemäß den Anforderungen des § 264 Abs. 2 HGB auszurichten. Der Leiter des Rechnungswesens bei der Weinkenner AG, Hermann Küster (Geprüfter Bilanzbuchhalter), möchte gern den bei diesem Firmenkauf gezahlten Geschäfts- oder Firmenwert aktivieren.

Er berechnet sodann diesen Geschäfts- oder Firmenwert. Dazu ermittelt er die Zeitwerte zum Übernahmezeitpunkt (26. Juni 2015):

Grundstücke und Gebäude	1.800.000,00 €
Maschinen und maschinelle Anlagen	1.200.000,00 €
Andere Anlagen, Betriebs- und Geschäftsausstattung	1.000.000,00 €
Vorräte	2.500.000,00 €
Forderungen	300.000,00 €
Kasse und Bank	400.000,00 €
Sonstige Rückstellungen	500.000,00 €
Verbindlichkeiten	5.100.000,00 €
Passiver Rechnungsabgrenzungsposten	100.000,00 €

a) Beurteilen Sie die bilanzielle Behandlung des Geschäfts- oder Firmenwertes hinsichtlich:
- seines Zustandekommens,
- des Bilanzansatzes sowie
- des Auswesens im Jahresabschluss

nach handelsrechtlichen Aspekten.

b) Ermitteln Sie (rechnerisch nachvollziehbar) die Höhe des Geschäfts- oder Firmenwertes im Zugangszeitpunkt.

c) Herr Küster möchte gerne den Geschäfts- oder Firmenwert über zehn Jahre linear abschreiben, damit der Ausweis des Jahresüberschusses der folgenden Geschäftsjahre nicht allzu sehr gemindert wird. Beurteilen Sie dieses Vorhaben von Herrn Küster nach den Aspekten des Handels- und des Steuerrechtes.

Verständnisaufgabe 9: **Umfirmierung und GmbH-Gründung**

Die Walther und Klarmann OHG möchte in Zukunft ihre geschäftlichen Aktivitäten erweitern und expandieren. Dafür wird die Gründung einer GmbH bzw. eine Umfirmierung zu einer GmbH erwogen.

a) Beschreiben Sie die gesetzlich festgelegten Schritte zur Gründung einer GmbH

b) In dem letzten Geschäftsjahr hatte die OHG einen Gewinn von 76.000 Euro erwirtschaftet. Der Gesellschafter Walther ist mit 300.000 Euro und der Gesellschafter Klarmann mit 100.000 Euro am Unternehmen beteiligt. Der bisher bestehende Gesellschaftervertrag enthält keine Aussagen über die Gewinnverteilung. Ermitteln Sie die Gewinnverteilung.

c) Im Falle der Umfirmierung und der damit einhergehenden GmbH-Gründung sind sich die Gesellschafter nicht über den bilanziellen Anfang sicher. Erläutern Sie, welche Bilanz bei der Gründung erstellt werden muss und was diese enthalten sollte.

Prüfungsähnliche Aufgabe 1: **Bilanzerstellung**

Erstellen Sie aus den folgenden Werten eine Bilanz nach HGB und begründen Sie die Bilanzansätze.

Sachanlagen	400.000,00 €
Verbindlichkeiten gegenüber Kreditinstituten	150.000,00 €
Verbindlichkeiten aus Lieferungen und Leistungen	80.000,00 €
Stammkapital	200.000,00 €
Vorräte	60.000,00 €
Forderungen aus Lieferungen und Leistungen	90.000,00 €
Flüssige Mittel	30.000,00 €
andere Gewinnrücklagen	50.000,00 €

Verwenden Sie für die Bilanzerstellung die folgende Abbildung und tragen Sie die entsprechenden Werte dort ein. Der auf der Passivseite verbleibende Betrag stellt den Gewinn dar. Die Belastung mit Steuern auf Einkommen und Ertrag beträgt 30%. Es wurden im gesamten Geschäftsjahr noch keine Steuervorauszahlungen geleistet. **(25 Punkte)**

AKTIVA	PASSIVA
ANLAGEVERMÖGEN	EIGENKAPITAL
UMLAUFVERMÖGEN	
	RÜCKSTELLUNGEN
	VERBINDLICHKEITEN
SUMME	SUMME

Prüfungsähnliche Aufgabe 2: **Anschaffungskosten I**

Die Nordhessische Kupferhütten AG (Herstellung von Kupferrohren) mit Sitz in Kassel hatte in einer Betriebsstätte folgende Lagerbewegungen für Kupfererze:

Anfangsbest. 01.01.2015:	330 t	155.000 €
Zugang 20.04.2015	240 t	zu 520 € je Tonne
Zugang 15.08.2015	325 t	zu insges. 160.000 € zzgl. 5.000 € Frachtkosten
Zugang 30.11.2015	380 t	zu insgesamt 210.500 €; gezahlt wurde unter Abzug von 2% Skonto
Abgang 28.02.2015	250 t	
Abgang 20.06.2015	250 t	
Abgang 07.09.2015	300 t	
Abgang 01.12.2015	30 t	

Die Angabe der Preise ist netto, d.h. ohne Umsatzsteuer. Am 31.12.2015 betragen die Wiederbeschaffungskosten für eine Tonne Kupfererz 500,00 €; der Verkaufspreis liegt bei 620,00 €. Bilanzstichtag ist der 31.12.2015; Bilanzaufstellungstag ist der 21.03.2015.

Am 21.03.2015 betrugen die Wiederbeschaffungskosten 513 € / Tonne. Ermitteln Sie die Anschaffungskosten nach dem gewogenen Durchschnitt. Mit welchem Wert wird das Kupfererz am 31.12.2015 in der Handelsbilanz angesetzt? **(15 Punkte)**

Prüfungsähnliche Aufgabe 3: **Anschaffungskosten II**

Die Coralis Power AG erwirbt zum 12.03.2015 eine Zentrifuge für die Produktion von technischen Erzeugnissen. Die Eingangsrechnung beläuft sich auf 29.690,50 € inkl. Umsatzsteuer. Die Transportkosten betragen 2.370 € zzgl. Umsatzsteuer.

Für die Zentrifuge wurde ein Fundament durch ein Bauunternehmen erstellt; Kaufpreis 11.757,20 € inkl. Umsatzsteuer – diese Rechnung wurde unter Abzug von 2% Skonto bezahlt.

Der Stromanschluss für die Zentrifuge kostete 107,50 € zzgl. Umsatzsteuer. Der Meister hatte ca. 3 Stunden an Auswertungen im Zuge mit dem Kauf der Maschine gearbeitet. Der Gemeinkostenverrechnungssatz für den Meister beträgt 120 € je Stunde. Da noch eine zweite baugleiche Zentrifuge am 30.11.2015 zu den gleichen Konditionen erworben wurde, gewährte das Herstellerunternehmen im Dezember 2015 einen Bonus von insgesamt 1.190,00 € incl. Umsatzsteuer.

Die Coralis Power AG ist zum vollen Vorsteuerabzug berechtigt.

a) Berechnen Sie die Anschaffungskosten. **(15 Punkte)**

b) Was ist hinsichtlich der Bewertung der Maschinen zum 31.12.2015 zu beachten? **(5 Punkte)**

Prüfungsähnliche Aufgabe 4: **Bilanzansätze nach IFRS**

Die Mustermann AG erwirbt am 02. Januar eine Maschine zur Fertigung von Leiterplatten. Der Nettokaufpreis beträgt 5.000.000 EUR. Die Maschine soll linear abgeschrieben werden; die Nutzungsdauer wird hierbei auf fünf Jahre geschätzt. Aus einem regionalen Förderprogramm erhält die Mustermann AG einen öffentlichen Zuschuss in Höhe von 500.000 EUR.

Unterscheiden Sie zwischen einem Brutto- und Nettoausweis im Jahr der Anschaffung und tragen Sie die jeweiligen Buchungen in die unten genannten Felder ein: **(10 Punkte)**

Bruttomethode

Soll		Haben
Maschine	*an*	Finanzkonto
	an	
	an	
	an	

Bilanzansatz der Maschine zum 31.Dezember

Nettomethode

Soll		Haben
Maschine	*an*	Finanzkonto
	an	
	an	

Bilanzansatz der Maschine zum 31.Dezember

Prüfungsähnliche Aufgabe 5: **Liquidation einer OHG**

Der Liquidator der Schneider & Schlecka OhG hat die folgende Liquidations-Eröffnungsbilanz erstellt:

AKTIVA			PASSIVA
Grundstücke	220.000,00 €	Kapital Schneider	400.000,00 €
Gebäude	110.000,00 €	Kapital Schlecka	200.000,00 €
Maschinen	180.000,00 €	Darlehen	110.000,00 €
Geschäftsausstattung	80.000,00 €	Verbindlichkeiten	111.200,00 €
Vorräte	110.000,00 €		
Forderungen	91.200,00 €		
Kassenbestand	10.000,00 €		
Bankguthaben	20.000,00 €		
	821.200,00 €		821.200,00 €

Richten Sie ein Liquidationsabwicklungskonto (LAK) ein und buchen Sie die folgenden Vorfälle:

Fallnummer	Beschreibung
1	Verkauf der Vorräte für 130.000 Euro zzgl. 19% USt. gegen Bankscheck.
2	Barverkauf der Maschinen für 150.000 Euro zzgl. 19% USt.
3	Grundstücke und Gebäude werden für 380.000 Euro gegen Bankscheck verkauft.
4	Begleichung des Darlehens durch Banküberweisung.
5	85.400 Euro Forderungen gehen auf dem Bankkonto ein. Der Rest ist uneinbringlich (USt. 16%)
6	Die Verbindlichkeiten werden durch Banküberweisung beglichen.
7	Die Geschäftsausstattung wird für 70.000 Euro zzgl. 19% USt. Bar verkauft.
8	Einzahlung auf das Bankkonto von 190.000 Euro.
9	Liquidationskosten bar 13.000 Euro zzgl. 19% USt.
10	Ermittlung und Überweisung der Umsatzsteuer-Zahllast.

Benutzen Sie für die Buchungen die leeren Kontenrahmen auf der folgenden Seite!

Erstellen Sie die Liquidations-Schlussbilanz.

Verteilen Sie den Liquidationsgewinn entsprechend den Kapitalanteilen.

(30 Punkte)

Kontenrahmen für Buchungen

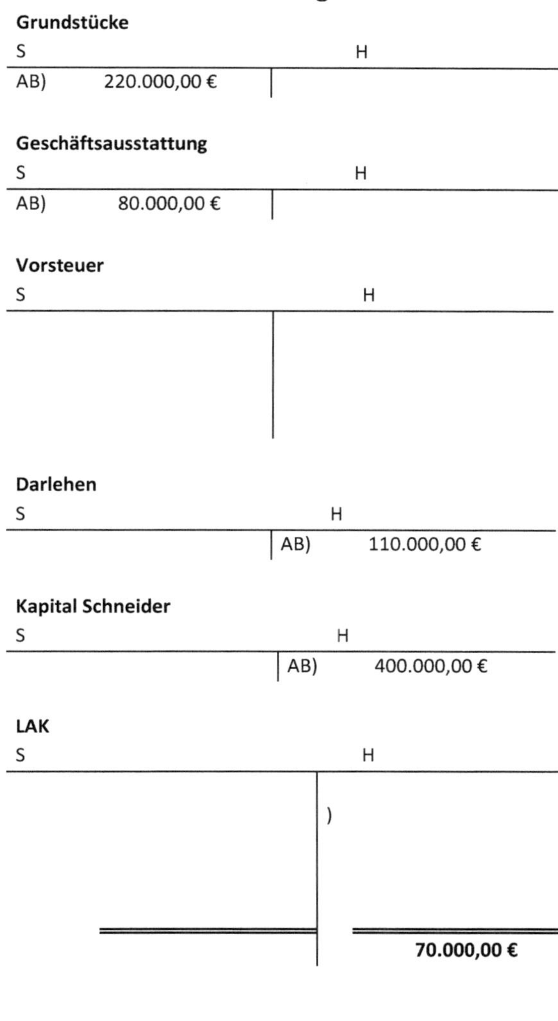
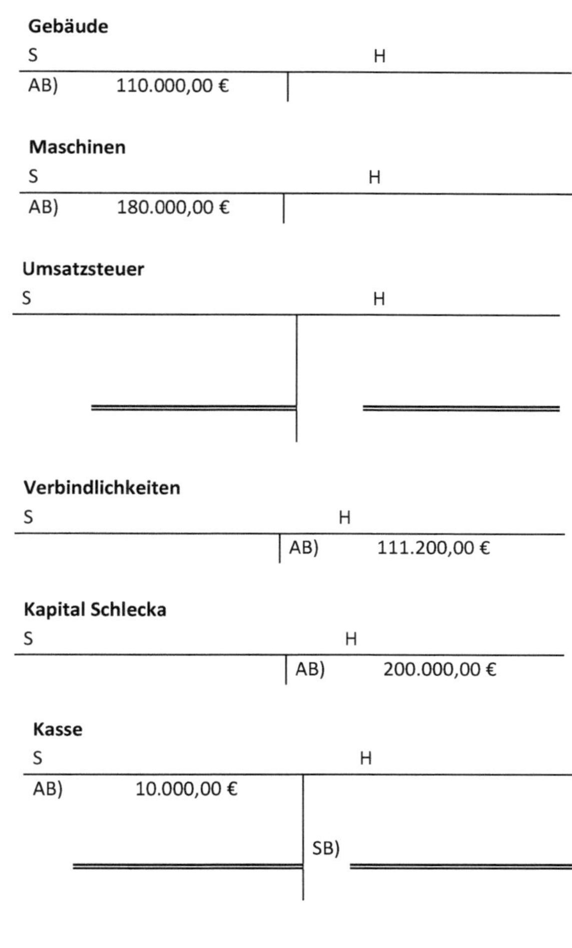

Grundstücke

S			H
AB)	220.000,00 €		

Gebäude

S			H
AB)	110.000,00 €		

Geschäftsausstattung

S			H
AB)	80.000,00 €		

Maschinen

S			H
AB)	180.000,00 €		

Vorsteuer

S			H

Umsatzsteuer

S			H

Darlehen

S			H
		AB)	110.000,00 €

Verbindlichkeiten

S			H
		AB)	111.200,00 €

Kapital Schneider

S			H
		AB)	400.000,00 €

Kapital Schlecka

S			H
		AB)	200.000,00 €

LAK

S			H
		)	
			70.000,00 €

Kasse

S			H
AB)	10.000,00 €		
		SB)	

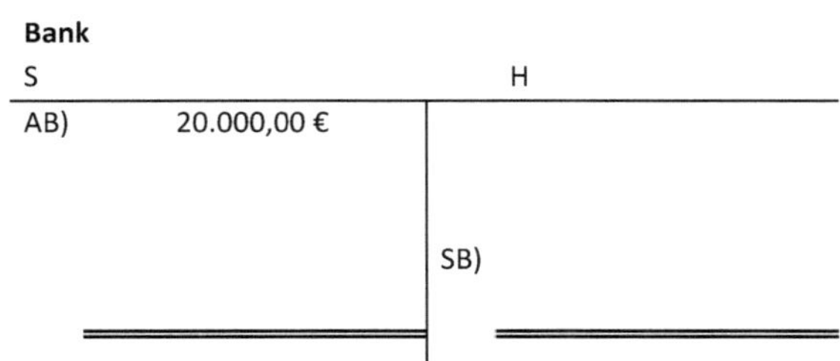

Bank

S			H
AB)	20.000,00 €		
		SB)	

Multiple-Choice-Fragen zur Wiederholung

C1) Welche der folgenden Aussagen trifft bzgl. der Buchführungspflicht auf das deutsche Steuerrecht zu?

a) ☐ Wer nach dem BGB buchführungspflichtig ist, ist es nicht nach dem Steuerrecht

b) ☐ Wer nach dem HGB buchführungspflichtig ist, ist es nicht nach dem Steuerrecht

c) ☐ Wer nach dem HGB buchführungspflichtig ist, ist es auch nach dem Steuerrecht

d) ☐ Wer nach den AO buchführungspflichtig ist, ist es auch nach dem Steuerrecht

C2) Was genau besagt der Grundsatz der Bilanzidentität?

a) ☐ Positionen müssen bei Zwischenbilanzen immer mit den Abschlussbilanzen identisch sein

b) ☐ Positionen einer Schlussbilanz müssen in die Eröffnungsbilanz des folgenden Jahres übernommen werden

c) ☐ Positionen einer Schlussbilanz müssen generell nicht übernommen werden

d) ☐ Umlaufkonten und Bestandskonten müssen wertmäßig immer identisch sein

C3) Zwischen welchen Arten von Belegen unterscheidet man grundsätzlich?
***Hinweis**: Mehrere Antworten sind hier möglich!*

a) ☐ Externe Belege (Fremdbelege)

b) ☐ Zwischenstandsbelegen

c) ☐ Dokumentationsbelege

d) ☐ Interne Belege (Eigenbelege)

C4) Zwischen welchen Buchführungsverfahren unterscheidet man grundsätzlich?

a) ☐ Zwischen der Übertragsbuchführung und der Durchschreibebuchführung

b) ☐ Zwischen der Übertragsbuchführung und der Allgemeinen Buchführung

c) ☐ Zwischen der hauptsächlichen Buchführung und der Nebenbuchführung

d) ☐ Zwischen der Buchführung nach IFRS und der nach dem HGB

C5) Welche der folgend genannten Voraussetzungen gelten für eine Konsolidierung?
***Hinweis**: Mehrere Antworten sind hier möglich!*

a) ☐ Einheitliche Gliederung von Bilanz, GuV und Kontenplan

b) ☐ Einheitliche Recheneinheiten und Bewertungsverfahren

c) ☐ Einheitliche Marktstellungen und Branchenverhältnisse

d) ☐ Einheitliche Marktstellungen und Gewinnspannen

C6) Welche der folgend genannten Bestandteile gehören zu einer Kapitalflussrechnung?
***Hinweis**: Mehrere Antworten sind hier möglich!*

a) ☐ Cashflow aus laufender Tätigkeit

b) ☐ Cashflow der letzten 2 Vorjahre + den jetzigen zum Vergleich

c) ☐ Cashflow aus der Investitionstätigkeit

d) ☐ Cashflow aus Finanzierungstätigkeit

C7) Was ist das wesentliche Ziel der Segmentberichtserstattung?

a) ☐ Darstellung von Informationen über die wesentlichen Geschäftsfelder des Unternehmens

b) ☐ Darstellung von Informationen über die wichtigsten Geschäftsfelder der Tochtergesellschaften

c) ☐ Informationen über die Bilanzierungsmöglichkeiten je nach Segment

d) ☐ Informationen über die finanziellen Verhältnisse der Tochtergesellschaften

C8) Welche Übersicht ermöglicht die Aktivseite einer Bilanz?

a) ☐ Die Übersicht über das Vermögen und die Kapitalverwendung.

b) ☐ Die Übersicht über die Finanzierung des Vermögens.

c) ☐ Die Übersicht von Gewinn und Verlust sowie deren Verrechnung.

d) ☐ Die Übersicht über das Vermögen und dessen steuerlichen Abschreibungswerten.

C9) Aus welchen Bestandteilen besteht ein gewöhnlicher Jahresabschluss von KMUs?
***Hinweis**: Mehrere Antworten sind hier möglich!*

a) ☐ Kapitalflussrechnung

b) ☐ Bilanz

c) ☐ Gewinn- und Verlustrechnung

d) ☐ Investitionsrechnung

C10) Was kann den Zielen der Bilanzpolitik zugeordnet werden?
***Hinweis**: Mehrere Antworten sind hier möglich!*

a) ☐ Die Stärkung der Wertschöpfungsketten.

b) ☐ Die Stärkung der Eigenkapitalbasis.

c) ☐ Die Stärkung der Liquidität.

d) ☐ Steuerminimierung.

C11) Durch welche Anwendungen können stille Reserven gebildet werden?
***Hinweis**: Mehrere Antworten sind hier möglich!*

a) ☐ Aktivierungswahlrechte

b) ☐ Bilanzierungswahlrechte

c) ☐ Passivierungswahlrechte

d) ☐ Bewertungswahlrechte

C12) Wie erfolgt eine qualitative Bilanzanalyse?

a) ☐ Die Positionen in der Bilanz werden auf deren Richtigkeit überprüft.

b) ☐ Der Anhang wird im Vergleich zum Jahresabschluss und Lagebericht ausgewertet.

c) ☐ Die steuerlichen Abschreibungen werden in das Verhältnis zum Eigenkapital gesetzt.

d) ☐ Die Übersicht über das Vermögen mit den Vorjahren vergleichen.

4. Abschlüsse nach internationalen Standards

VERSTÄNDNISAUFGABEN

Nr.	Aufgabe	Seite	Verstanden	Nicht verstanden
1	**Grundwissen zu IFRS-Abschlüssen**	60		
2	**Bewertungsprinzipien**	60		
3	**Finanzinstrumente nach IFRS**	61		
4	**Konsolidierungsarten**	62		
5	**Schuldenkonsolidierung**	63		
6	**Wertermittlung des Endbestandes**	63		
7	**Zuordnung von IFRS-Sachverhalten**	64		

PRÜFUNGSBLOCK 1

Nr.	Aufgabe	Seite	a) SOLL	a) IST	b) SOLL	b) IST	c) SOLL	c) IST	d) SOLL	d) IST	GESAMT	MINUTEN
1	**Unterschiede zwischen IFRS und HGB I**	65	6		2		2					**90**
2	**Bilanzansatz von Anlagevermögen**	66	15		10							
3	**Aktivierung von Aufwendungen**	67	20									
4	**Unterschiede zwischen IFRS und HGB II**	68	15									
5	**Rückstellungen nach IFRS**	68	8		12							
6	**Geschäfts- oder Firmenwert**	69	5		5							
	Ihre ermittelte Gesamtpunkteanzahl für diese Prüfungsblock											

Verständnisaufgabe 1: **Grundwissen zu IFRS-Abschlüssen**

a) Welche Ziele werden grundsätzlich mit einem Abschluss nach IFRS verfolgt?

b) Welche Aufgaben kommen dem IFRIC und dem IASB bzgl. der IFRS-Abschlüsse zu?

c) Was sind die Bestandteile eines IFRS-Abschlusses?

Verständnisaufgabe 2: **Bewertungsprinzipien im HGB**

a) Nennen Sie die grundsätzlichen Bewertungsprinzipien, die Sie aus § 252 HGB erkennen können!

b) Die Regelungen hinsichtlich des Festwertes (§ 240 Abs. 3 HGB) und der Durchschnittsbewertung (§ 240 Abs. 4 HGB) beziehen sich auf das Inventar. Dürfen diese Regelungen auch bei der Aufstellung des Jahresabschluss angewandt werden?

c) Gibt es noch weitere Bewertungsvereinfachungsverfahren neben dem Festwert und der Durchschnittsbewertung für den Jahresabschluss?

d) Welche der Vereinfachungsverfahren gelten auch im Steuerrecht?

Welche Vereinfachungsverfahren sind gem. IFRS möglich?

Verständnisaufgabe 3: **Finanzinstrumente nach IFRS**

a) Wie sind Finanzinstrumente nach IFRS zu bewerten?

b) Zählen Sie mindestens zwei unterschiedlichen Kategorien von Finanzinstrumenten nach IFRS auf.

Verständnisaufgabe 4: **Konsolidierungsarten**

Ordnen Sie die folgend aufgeführten Fälle jeweils der einen zugehörigen Konsolidierungsart zu. Es stehen folgende Konsolidierungsarten zur Auswahl:

1. die **Kapitalkonsolidierung**,
2. die **Zwischenergebniseliminierung**,
3. die **Schuldenkonsolidierung** und
4. die **Aufwands- und Ertragskonsolidierung**.

Fall A) Verluste aus konzernintern entstandenen Transaktionen müssen bereinigt werden.
Zuordnung zu _______

Fall B) Anschaffungsnebenkosten aus der Beteiligung an einer neuen Unternehmenstochter werden ermittelt und müssen nun gegen Zahlungsmittel gebucht werden.
Zuordnung zu _______

Fall C) Anschaffungskosten aus der Beteiligung an einer neuen Unternehmenstochter werden ermittelt und gegen andere Beteiligungen sowie andere Vermögensgegenstände gebucht.
Zuordnung zu _______

Fall D) Aufwendungen und Erträge eines Tochterunternehmens bei Erstkonsolidierung werden erst ab dem Erwerb der Kontrolle in die Konzerngewinn- und –verlustrechnung aufgenommen.
Zuordnung zu _______

Fall E) Im Einzelabschluss ausweispflichtige Forderungen und Verbindlichkeiten werden im Konzernabschluss eliminiert.
Zuordnung zu _______

Verständnisaufgabe 5: **Schuldenkonsolidierung**

Die Bilanz der GILECO Unternehmensgruppe kann strukturiert folgendermaßen dargestellt werden:

Aktiva			**Passiva**
Anlagevermögen	400.000,00 €	Eigenkapital	350.000,00 €
Forderungen an das Tochterunternehmen	30.000,00 €		
Umlaufvermögen	80.000,00 €	Fremdkapital	160.000,00 €
	510.000,00 €		510.000,00 €

Dabei ist zu erkennen, dass die GILECO Unternehmensgruppe ihrem Tochterunternehmen nun 30.000 Euro als Finanzierungsdarlehen zukommen ließ.

Die Bilanz des erwähnten Tochterunternehmens wird folgendermaßen ausgewiesen:

Aktiva			**Passiva**
Anlagevermögen	200.000,00 €	Eigenkapital	150.000,00 €
		Darlehen vom Mutterunternehmen	30.000,00 €
Umlaufvermögen	80.000,00 €	Fremdkapital	100.000,00 €
	280.000,00 €		280.000,00 €

a) Zeigen Sie nun in der folgenden Abbildung auf, wie eine Konzernbilanz der GILECO Unternehmensgruppe nach Anwendung einer Schuldenkonsolidierung aussehen würde. Erklären Sie ebenso die Vorgehensweise mit wenigen Sätzen unter Angabe der Regelung durch IAS.

b) Wie genau erfolgt eine generelle Schuldenkonsolidierung?

Verständnisaufgabe 6: **Wertermittlung des Endbestandes**

Ihnen werden Einkaufs- und Lagerdaten über einen Rohstoff vorgelegt für den nun zu erstellenden Jahresabschluss. Der Rohstoff ist über einen sehr langen Zeitraum lagerfähig. Folgende Daten stehen Ihnen nun zur Verfügung:

	Datum	*in Kilogramm*	*Preis je Kilogramm*
Anfangsbestand	01. Jan	**0**	
Zukauf	20. Mai	2.500	21,00 €
Zukauf	30. Aug	4.320	23,50 €
Zukauf	02. Sep	3.770	20,90 €
Endbestand	31. Dez	**2.560**	

Ermitteln Sie den Wert des Endbestandes zum 31. Dezember so, dass folgende Vorgaben erfüllt werden:

- Das Bewertungsvereinfachungsverfahren soll nach HGB und IFRS identisch sein,
- Es soll die Anforderung des § 264 Abs. 2 HGB und IAS 1.9 erfüllt werden.

Geben Sie die jeweiligen Rechtsgrundlagen an und nennen Sie ebenso weitere Möglichkeiten, nach welcher Methode eine Bewertung erfolgen könnte.

Verständnisaufgabe 7: **Zuordnung von IFRS-Sachverhalten**

Die Aurelis AG hat für die Aufstellung des IFRS-Jahresabschlusses drei Arbeitsgruppen gebildet. Die erste Gruppe befasst sich mit den direkten Veränderungen des Eigenkapitals, welche nicht die GuV bzw. das sonstige Ergebnis betreffen. Die zweite Gruppe befasst sich mit der Gewinn und Verlustrechnung und die dritte mit dem sonstigen Ergebnis.

Folgende Sachverhalte müssen von Ihnen den jeweiligen Arbeitsgruppen zugeordnet werden:

Sachverhalt 1

Die Aurelis AG gibt während ihres Börsengangs Aktien an die Anteilseigner aus. Es werden dabei 100 Mio. Aktien zu je 10 Euro ausgegeben, der Nennbetrag je Aktie liegt bei 1 Euro.

Sachverhalt 2

Die Aurelis AG schüttet eine Dividende von 0,50 Euro je Aktie an die eigenen Aktionäre aus.

Sachverhalt 3

Die Aurelis AG beschließt kurz nach ihrem Börsengang 1 Mio. Aktien wieder zu je 8 Euro zurück zu erwerben. Es fallen hierbei keine Transaktionskosten an.

Sachverhalt 4

Die Aurelis AG wählt für die Gruppe der unbebauten Grundstücke das Neubewertungsverfahren. Einem Buchwert von 80 Mio. Euro steht ein beizulegender Zeitwert von 120 Mio. Euro gegenüber.

Sachverhalt 5

Bei dem nächsten Bewertungszeitpunkt für die unbebauten Grundstücke (Sachverhalte 4) beträgt der beizulegende Zeitwert 70 Mio. Euro.

Sachverhalt 6

Die Aurelis AG erhält eine Dividendengutschrift ihrer Beteiligungs-AG aus Bremen in Höhe von 25.000 Euro.

Beurteilen Sie, welche Arbeitsgruppe die oben genannten Sachverhalte bearbeiten sollte und wie diese im Abschluss nach IFRS zu berücksichtigen sind. Berechnen Sie dabei ebenso die entsprechenden Beträge,

Prüfungsähnliche Aufgabe 1: **Unteschiede zwischen IFRS und HGB I**

Sie werden von der Geschäftsführung gebeten, einige offene Fragen zu der Rechnungslegung nach IFRS zu beantworten.

a) Vergleichen Sie

- das **HGB** und
- die **IFRS**

bzgl. der folgenden Kriterien

1. Normensetzende Instanz,
2. Rechnungslegungsziele,
3. dominierender Rechnungslegungsgrundsatz,
4. Bestandteile eines Konzernabschlusses.

(6 Punkte)

b) Erklären Sie den Begriff „Asset“. Geben Sie die dazugehörigen Ansatzkriterien an und nennen Sie hierfür ebenso zwei Beispiele. **(2 Punkte)**

c) Erklären Sie den Begriff „Liability“ mit den dazu gehörenden Ansatzkriterien. **(2 Punkte)**

Prüfungsähnliche Aufgabe 2: **Bilanzansatz von Anlagevermögen nach IFRS**

Der Logistikanbieter VENUS Logistics ist ein Anbieter von Kühltransporten. Als Tochterunternehmen eines internationalen Logistikkonzerns wird nach IFRS bilanziert.

Im Anlagemanagement sind derzeit folgende Sachverhalte noch nicht geklärt worden:

Sachverhalt Nr. 1	Am 2. Januar diesen Jahres wurde ein neuer LKW mit einer speziellen Kühleinrichtung im Wert von 200.000 Euro angeschafft. Die Anschaffung besteht aus den zwei folgenden Komponenten: ▪ Kühlmodul: 80.000 Euro, Nutzungsdauer: 8 Jahre ▪ Fahrwerk, Fahrerhaus: 120.000 Euro, Nutzungsdauer: 10 Jahre Der Verbrauch des wirtschaftlichen Nutzens erfolgt gleichmäßig. Ein Restwert ist nicht zu erwarten.

Sachverhalt Nr. 2	Ein Lieferwagen wurde am 26. Juni diesen Jahres für 20.000 Euro angeschafft. Er besitzt eine betriebsgewöhnliche Nutzungsdauer gemäß AfA-Tabelle von 6 Jahren. Sachlich richtige Schätzungen gehen von einem Restwert in Höhe von 2.000 Euro nach Ablauf der Frist aus. Hinweise auf eine unterschiedliche Intensität der Nutzung des Fahrzeuges bestehen nicht.

Sachverhalt Nr. 3	Ein Farbkopierer wurde am 2. September mit den Anschaffungskosten von 12.000 Euro erworben. Das Gerät besitzt eine betriebsgewöhnliche Nutzungsdauer gemäß AfA-Tabelle von fünf Jahren. Laut Herstellerangabe ist der Kopierer in der Lage 200.000 Kopien vorzunehmen. Nach den fünf Jahren bzw. 200.000 Kopien ist kein Restwert mehr vorhanden. Wegen des Ausfalles einer Offsetdruckmaschine im Unternehmen wurden Flyer auf dem Farbkopierer gezogen. Bis zum Ende des jetzigen Jahres wurden 18.000 Farbkopien vorgenommen.

a) Bestimmen Sie die planmäßigen Abschreibungen für die oben aufgeführten Anlagegüter nach IFRS. Berücksichtigen Sie bei der Wahl Ihrer Abschreibungsmethode den jeweiligen Verlauf des wirtschaftlichen Nutzens. **(15 Punkte)**

b) Leiten Sie die Bilanzansätze der drei Anlagegüter nach IFRS zum 31. Dezember des Jahres ab. **(10 Punkte)**

Prüfungsähnliche Aufgabe 3: **Aktivierung von Aufwendungen**

Die Waratex AG in Frankfurt ist eine große Kapitalgesellschaft im Sinne des § 267 Abs. 3 Satz 1 HGB und vertreibt Snacks aller Art. Neben den bestehenden traditionellen Vertriebskanälen soll im Laufe des Jahres des nächsten Jahres der Online-Handel gestartet werden.

Folgende Aufwendungen fallen dafür in diesem Jahr an:

- Die Konzeption eines internetbasierten Online-Shops durch eigene Marketingspezialisten mit dem Ziel, Inhalt, Aufbau, Gestaltung und Funktionalität sicherzustellen. Dabei fallen Sach- und Personalkosten in Höhe von 60.000 Euro an.
- Bei der Umsetzung der Konzeption wird durch die interne IT-Abteilung eine Software zur ausschließlichen Selbstnutzung nach den Anforderungen des Unternehmens (Personal- und Sachkosten) für 140.000 Euro erstellt.
- Kauf einer Lizenz für ein Bezahlsystem in Höhe von 50.000 Euro.
- Zu Beginn des nächsten Jahres werden für weitere Aufwendungen (Testphase) noch Kosten von 90.000 Euro anfallen.

Ermitteln Sie unter Angabe der einschlägigen Paragrafen die Aufwendungen für den Online-Shop in der Bilanz zum 31. Dezember diesen Jahres

- gemäß **HGB** und
- gemäß **IFRS**

die aktiviert werden dürfen bzw. zu aktivieren sind.

Verwenden Sie hierfür die folgende Tabelle:

Bezeichnung	**Rechtsgrundlage HGB**	**HGW-Werte in Euro**	**Rechtsgrundlage IFRS**	**IFRS-Werte in Euro**
Aufwendungen für Konzeption eines internetbasierten Online-Shops				
Aufwendungen für das PC-Programm				
Aufwendungen für Lizenz-Bezahlsystem				
Aufwendungen für Testphase				
Summe				

(20 Punkte)

Prüfungsähnliche Aufgabe 4: **Unterschiede zwischen IFRS und HGB II**

Die SuperSports AG ist ein Hersteller und Vertrieb von Sportschuhen für Profisportler. Das Unternehmen prüft derzeit den Übergang der Rechnungslegung von HGB zu IFRS. Die Controllingabteilung des Unternehmens wurde nun vom Vorstand beauftragt, eine Übersicht über die wesentlichen Unterschiede von möglichen Rechnungslegungssytemen zu erstellen.

Nennen Sie zwei Bestandteile der Anschaffungs-/Herstellungskosten nach HGB und nach IFRS und geben Sie jeweils zwei Sachverhalte an, welche nicht Bestandteil der Anschaffungs-/Herstellungskosten sind.

Stellen Sie bei den Herstellungskosten nach HGB auch mögliche Ober- und Untergrenzen dar. Geben Sie bei Ihren Antworten die einschlägigen Fundstellen im HGB und in den IFRS-Standards an.
(15 Punkte)

Prüfungsähnliche Aufgabe 5: **Rückstellungen nach IFRS**

a) Geben Sie vier Voraussetzungen an, bei denen nach IFRS eine Rückstellung zu bilden ist. **(8 Punkte)**

b) Beurteilen Sie bei den nachfolgenden Sachverhalten, ob im Jahresabschluss des letzten Jahres der SuperSports AG nach IFRS eine Rückstellung zu bilden ist:

b1) Für eine gemietete Spezialmaschine besteht laut Mietvertrag die Verpflichtung zur jederzeitigen Instandhaltung. Im letzten Jahr wurde eine kleinere Reparatur unterlassen. Nach dem vorliegenden Kostenvoranschlag beträgt der Aufwand rund 3.000 Euro. Der Vermieter drängt hierbei auf die Einhaltung der Reparaturverpflichtung. Bei Unterlassung droht er damit, rechtliche Schritte gegen das Unternehmen einzuleiten.

b2) Bei der vom gleichen Verpächter gepachteten Maschine entstand im Januar des aktuellen Jahres ein Schaden in Höhe von 2.000 Euro, Der Jahresabschluss vom letzten Jahr wird erst im März des aktuellen Jahres erstellt.

b3) Bei der unternehmenseigenen Packmaschine wurde eine Reparatur versäumt. Diese wurde erst am 3. Januar diesen Jahres nachgeholt und verursachte Kosten in Höhe von 4.000 Euro.
(12 Punkte)

Prüfungsähnliche Aufgabe 6: **Geschäfts- oder Firmenwert**

Die Frisch Frucht AG erwarb am 01.01. dieses Jahres die Tropenfrucht GmbH zu 100%. Der Kaufpreis lag bei dieser Unternehmenstransaktion bei 64 Mio. Euro und wurde in der Bilanz der Frisch Frucht AG unter „Anteile an Tochterunternehmen" ausgewiesen.

Innerhalb der Ihnen vorliegenden Einzelabschlüssen und im nun noch aufzustellenden Konzernabschluss wird nach IFRS bilanziert. Die Bilanz der Tropenfrucht GmbH wurde bis jetzt noch nicht konzerneinheitlich nach IFRS bewertet. Es liegt lediglich eine übliche Handelsbilanz vor.

Weitere wichtige Hinwiese:

- Das Eigenkapital der Tropenfrucht GmbH beträgt 20 Mio. Euro vor der Erstkonsolidierung
- In der Tropenfrucht-Bilanz sind zum Erwerbszeitpunkt bei den Sachanlagen 10 Mio. Euro an stillen Reserven enthalten.
- Latente Steuern sollten in diesem Fall generell nicht berücksichtigt

a) Bestimmen Sie den anteiligen Geschäfts- oder Firmenwert der Frisch Frucht AG an der Tropenfrucht GmbH nach IFRS und nennen Sie die zutreffenden IFRS-Vorschriften. **(5 Punkte)**

b) An welcher Stelle der Konzernbilanz sollen nicht beherrschende Anteile werden? Nennen Sie auch hierfür die jeweiligen IFRS-Vorschriften! **(5 Punkte)**

Multiple-Choice-Fragen zur Wiederholung

D1) Was genau versteht man unter einem Vermögenswert nach IFRS

a) ☐ Ein Wert, der dem Unternehmen jederzeit zur Verwendung bereit steht und liquidierbar ist

b) ☐ Ein Wert, der das Vermögen in einer Bilanz erhöht und nicht an Wert verliert

c) ☐ Eine am Markt verfügbare Ressource, welche käuflich erwerblich ist

d) ☐ Eine Ressource in der Verfügungsmacht eines Unternehmens mit wirtschaftlichem Nutzen

D2) Was versteht man unter einem Schuldposten nach IFRS?

a) ☐ Es ist ein bestehendes und einforderungsfähiges Recht mit wirtschaftlichem Nutzen

b) ☐ Es ist eine gegenwärtig bestehende Verpflichtung des Unternehmens

c) ☐ Es ist ein Posten, der nur kurzfristige Verpflichtungen des Unternehmens aufzeigt

d) ☐ Es ist ein Posten, der nur langfristige Verpflichtungen des Unternehmens aufzeigt

D3) Was versteht man unter einer Sachanlage nach IFRS?
Hinweis*: Mehrere Antworten sind hier möglich!*

a) ☐ Ein materieller Vermögenswert für Herstellung oder Lieferungen von Gütern und Dienstleistungen.

b) ☐ Ein immaterieller Vermögenswert, welcher immer passiviert werden sollte

c) ☐ Ein materieller Vermögenswert der auch für Verwaltungszwecke genutzt werden kann

d) ☐ Ein Vermögenswert, der erwartungsgemäß länger als eine Periode genutzt werden kann

D4) Wo befindet sich die Bewertungsobergrenze von Vermögenswerten nach IFRS?

a) ☐ Bei den Anschaffungs- oder Herstellungskosten

b) ☐ Bei den Herstellungskosten

c) ☐ Bei den Bruttobeschaffungskosten des Vermögenswerts

d) ☐ Bei dem aktuellen Marktwert

D5) Was ist die grundsätzliche Zielsetzung von IFRS?

a) ☐ Zuverlässige Informationen für Finanzbehörden stehen im Vordergrund

b) ☐ Zuverlässige Informationen für Investoren stehen im Vordergrund

c) ☐ Zuverlässige Informationen für Wirtschaftsverbände stehen im Vordergrund

d) ☐ Ein allgemein geltendes und verbindliches Bilanzgesetz weltweit zu schaffen

D6) Mit welcher Methode wird nach IFRS-Vorschriften ein Unternehmenszusammenschluss bilanziert?

a) ☐ Nur anhand einer beglaubigten Steuerbilanz mit Earn-Out-Klauseln

b) ☐ Nur anhand der Erwerbsmethode in Form eine Neubewertung

c) ☐ Nur anhand eines Kapitalflusses mit einem beglaubigten Steuerbescheid

d) ☐ Es ist nach IFRS keine gesonderte Bilanzierung erforderlich.

D7) Welches der folgenden Aussagen trifft auf die sogenannte PoC-Methode (nach IFRS) zu?
Hinweis*: Mehrere Antworten sind hier möglich!*

a) ☐ Die Gewinnrealisierung erfolgt nach dem Bilanzstichtag

b) ☐ Die Gewinnrealisierung erfolgt nach dem Fertigstellungsgrad

c) ☐ Die Gewinnrealisierung erfolgt ab Vertragszusage

d) ☐ Die Gewinnrealisierung erfolgt ab Vertragserfüllung

D8) Welche zwei Gliederungsmöglichkeiten der GuV-Rechnung gibt es nach IFRS?

a) ☐ Historische und/oder branchenbezogene Gliederung

b) ☐ Gliederung nach Gesamtkostenverfahren oder Umsatzkostenverfahren

c) ☐ Gliederung nach börsennotierter Gesellschaft oder privat-geführter Gesellschaft

d) ☐ Gliederung nach Umsatzhistorie oder Wertpapierhistorie

D9) Welche der folgend aufgezählten Fälle, müssen nach IFRS außerhalb der Gesamtergebnisrechnung gebucht werden?
***Hinweis**: Mehrere Antworten sind hier möglich!*

a) ☐ Verrechnung von Eigenkapitalbeschaffungskosten (IAS 32.35)

b) ☐ Kosten bis zur Fertigstellung und geschätzter Vertriebskosten (IAS 2.6)

c) ☐ Effekte aus dem Übergang zur IFRS-Rechnungslegung (IFRS 1.11)

d) ☐ Nettoveräußerungswerte von Roh-, Hilfs- und Betriebsstoffen nach IAS 2.32

D10) Welche der folgend genannten Geschäftsfälle müssen nach IFRS erfolgsneutral im sonstigen Ergebnis dargestellt werden?
***Hinweis**: Mehrere Antworten sind hier möglich!*

a) ☐ Gewinne/Verluste aus Neubewertung von Sachanlagen und immateriellen Vermögenswerten

b) ☐ Gewinne/Verluste aus Neubewertung von Sachanlagen und materiellen Vermögenswerten

c) ☐ Versicherungsmathematische Gewinne aus leistungsorientierten Versorgungsplänen

d) ☐ Alle Währungsumrechnungsdifferenzen

D11) Welche der folgend genannten Bereiche werden durch die IFRS im Gegensatz zum HGB nicht explizit geregelt?
***Hinweis**: Mehrere Antworten sind hier möglich!*

a) ☐ Die Verpflichtung zur Darstellung des Cashflows

b) ☐ Die Verpflichtung zur Offenlegung

c) ☐ Die Verpflichtung zur Prüfung des Abschlusses

d) ☐ Die Verpflichtung zur Anhangserstellung

D12) Was ermittelt die Kapitalflussrechnung genau?

a) ☐ Die Kapitalverwendung und den zukünftigen Kapitalbedarf

b) ☐ Die Kapitalmenge durch stille Reserven

c) ☐ Die Kapitalmenge durch Gewinnrücklagen und Steuerersparnissen

d) ☐ Die Kapitalherkunft und Kapitalverwendung

5. Steuerrecht / Betriebliche Steuerlehre

VERSTÄNDNISAUFGABEN

Nr.	Aufgabe	Seite	Verstanden	Nicht verstanden
1	**Steuerarten und Steuerschuld**	74	☐	☐
2	**Grundsteuer und Grunderwerbssteuer**	74	☐	☐
3	**Umsatzsteuer**	75	☐	☐
4	**Gewerbesteuer**	75	☐	☐
5	**Finanzielle Eingliederung**	76	☐	☐
6	**Organschaft**	76	☐	☐
7	**Abgeltungssteuer**	76	☐	☐

PRÜFUNGSBLOCK 1

Nr.	Aufgabe	Seite	a) SOLL	a) IST	b) SOLL	b) IST	c) SOLL	c) IST	d) SOLL	d) IST	GESAMT	MINUTEN
1	**Versteuerung einer Beschaffung**	77	16		8							120
2	**Körperschaftssteuer**	78	12									
3	**Gewerbesteuer**	78	15		5		5		10			
4	**Steuerberater**	79	10		10							
5	**Besteuerung eines Unternehmens**	80	5		2		2					

Ihre ermittelte Gesamtpunkteanzahl für diese Prüfungsblock ☐

PRÜFUNGSBLOCK 2

Nr.	Aufgabe	Seite	a) SOLL	a) IST	b) SOLL	b) IST	c) SOLL	c) IST	d) SOLL	d) IST	GESAMT	MINUTEN
6	**Grunderwerbssteuer**	81	4		4		4					120
7	**Geringwertige Wirtschaftsgüter**	81	15		8		5					
8	**Körperschaftssteuerliche Organschaft**	81	5		5							
9	**Steuerliche Belastung**	82	15		15							
10	**Umsatzsteuer**	84	10		10							

Ihre ermittelte Gesamtpunkteanzahl für diese Prüfungsblock ☐

In den IHK-Prüfungen ist für diesen Prüfungsteil eine Bearbeitungszeit von 180 Minuten angesetzt. Daher wurden die Aufgaben in diesem Prüfungsblock etwas verkürzt und auf eine Bearbeitungszeit von 120 Minuten (je Prüfungsblock) angepasst.

Verständnisaufgabe 1: **Steuerarten und Steuerschuld**

a) Wie wird in der Abgabenordnung (AO) der Begriff der Steuerschuld definiert? Beschreiben Sie kurz was man hierbei unter der Steuerschuld versteht!

b) Kreuzen Sie in der folgenden Tabelle die jeweilig zutreffenden Felder jeder Steuerart an.

Steuerart	**Steuerhoheit**				**Steuerobjekt**		
	Gemeinschaft-steuer	Bund	Länder	Gemeinde	Besitzsteuer	Verkehr-steuer	Verbrauch-steuer
Einkommensteuer							
Lohnsteuer							
Körperschaftsteuer							
Gewerbesteuer							
Umsatzsteuer							
Grundsteuer							
Grunderwerbsteuer							
Erbschaft- und Schenkungsteuer							
KfZ-Steuer							
Tabaksteuer							

Verständnisaufgabe 2: **Grundsteuer und Grunderwerbssteuer**

a) Nennen Sie die Fälle, in denen die Grunderwerbssteuer entsteht und wann diese auch fällig wird.

b) Beschreiben Sie den Unterschied zwischen der Grundsteuer und der Grunderwerbssteuer.

c) Zeigen Sie die Berechnung bzw. Rechenwege der Grundsteuer und der Grunderwerbssteuer auf.

Verständnisaufgabe 3: **Umsatzsteuer**

Bitte kreuzen Sie den jeweiligen Sachverhalt an:

	steuerbar	nicht steuerbar	steuerpflichtig	Umsatzsteuer abführen bis zum....
Verkauf einer Maschine an das Unternehmen B in Stuttgart für 80.000 € netto; Unternehmen B holt die Maschine am 12. Oktober in Frankfurt ab				
Vermietung einer Maschine vom 1. Oktober bis 5. November an den Unternehmer C aus Frankreich, welcher die Maschine aber in Deutschland verwendet. Die Miete beträgt 7.000 € im Monat.				
Verkauf einer Maschine an das Unternehmen D in Dänemark für 2.500 €. Die Maschine wurde am 30. November versendet.				
Erhalt einer Versicherungsentschädigung in Höhe von 9.000 €. Dem Unternehmen wird diese Summe ausgezahlt am 05. Mai				
Erbrachte Dienstleistung an das Unternehmen B in Stuttgart wird mit 5.000 € berechnet. Die Rechnungsstellung erfolgt am 13. April				

Verständnisaufgabe 4: **Gewerbesteuer**

Berechnen Sie für die folgenden Angaben der Mustermann AG die Gewerbesteuer für das abgelaufene Geschäftsjahr:

Gewinn aus Gewerbebetrieb (vor der GewSt)	250.000,00 €
Grundbesitz der Betriebsgrundstücke	80.000,00 €
Zinsen	10.000,00 €
Ertrag aus einer 5% oHG-Beteiligung	6.000,00 €
GewSt-Hebesatz	450%

Verständnisaufgabe 5: **Finanzielle Eingliederung**

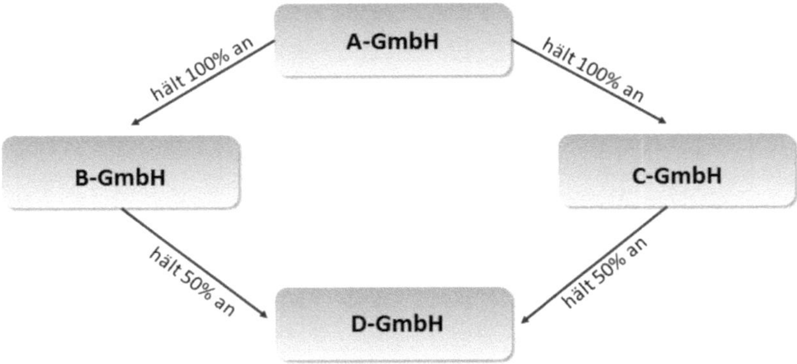

a) Erläutern Sie anhand der hier aufgezeigten finanziellen Gliederung der Unternehmen bzw. GmbHs die Gliederungsstruktur.

b) Wie kann das Einkommen der Organgesellschaft dem Organträger zugerechnet werden.

Verständnisaufgabe 6: **Organschaft**

Die Aurelis AG im Inland hält 100% der Anteile an ihrer Tochtergesellschaft Aurelis 1 GmbH und ebenso an einer weiteren Tochtergesellschaft Aurelis 2 GmbH. Während die Aurelis AG als Mutterunternehmen und auch die Aurelis 1 GmbH jährlich einen Gewinn von je 500.000 Euro erwirtschaften, entstehen bei der Tochter Aurelis 2 GmbH steuerlich regelmäßig Verluste in Höhe von 100.000 Euro.

a) Erläutern Sie die Voraussetzungen und Folgen einer körperschaftsteuerlichen Organschaft.

b) Stellen Sie die steuerlichen Vorteile einer körperschaftsteuerlichen Organschaft im hier beschriebenen Fall dar und belegen Sie Ihre Aussage rechnerisch.

Verständnisaufgabe 7: **Abgeltungssteuer**

Herr Yilmaz erhält auf eine Finanzanlage in Höhe von 150.000 Euro jährlich 3% Zinsen. Das Finanzinstitut behält hiervon 25% Abgeltungssteuer ein. Hauptberuflich betreibt Herr Yilmaz einen Handwerksbetrieb, aus dem er einen Gewinn für das letzte Kalenderjahr von 25.000 Euro erwirtschaftet hat.

Weiterhin hatte Herr Yilmaz Einkünfte aus Vermietung und Verpachtung in Höhe von 5.000 Euro im letzten Kalenderjahr. Sein individueller Steuersatz beträgt 15%.

Herr Yilmaz fragt Sie um Rat, ob er die Abgeltungssteuer in seiner Einkommenssteuererklärung geltend machen kann und wenn ja, wie man dies berechnet.

Prüfungsähnliche Aufgabe 1: **Versteuerung einer Beschaffung**

Herr Klein betreibt in Frankfurt als Einzelunternehmer einen Montagebetrieb. In den letzten Jahren erzielte er einen durchschnittlichen Gewinn in Höhe von 70.000 Euro. Seine Umsatzerlöse betrugen 300.000 Euro. Er ist im vollen Umfang umsatzsteuerpflichtig und zum Vorsteuerabzug berechtigt.

a) Herr Klein erwirbt von einem inländischen Lieferanten eine Montagemaschine zum Preis von 12.526,31 Euro brutto. Der Kaufvertrag wurde am 6. Mai 2015 abgeschlossen. Die Lieferung erfolgte am 20. Juli 2015. Der Verkäufer gewährte einen Nachlass von 10% des vereinbarten Bruttokaufpreises.

a1) Nennen Sie die Steuern vom Einkommen und Ertrag, mit welchen Herr Klein seinen Gewinn versteuern muss.

a2) Berechnen Sie, in welcher Höhe Herr Klein, bei Vorliegen einer ordnungsgemäßen Rechnung, Vorsteuer geltend machen kann.

a3) Das Montagegerät hat eine betriebsgewöhnliche Nutzungsdauer gemäß AfA-Tabelle von fünf Jahren. Berechnen Sie die höchstmögliche steuerliche Abschreibung für 2015 und ermitteln Sie den steuerlichen Buchwert zum 31. Dezember 2015.

a4) Erläutern Sie den umsatzsteuerlichen Vorgang, welcher vorliegt, wenn Herr Klein die Montagemaschine von einem Hersteller aus einem anderen EU-Land beziehen würde.

(16 Punkte)

b) Herr Klein hält seit Jahren in seinem Betriebsvermögen eine Beteiligung in Höhe von 11% an der Montana AG in Darmstadt. Für das Jahr 2015 erhält er eine Bruttodividende von 16.000 Euro.

b1) Berechnen Sie den Auszahlungsbetrag

b2) Geben Sie an, in welcher Höhe die Dividende von Herrn Klein bei der Ermittlung seines steuerlichen Gewinns zu berücksichtigen ist.

(8 Punkte)

Prüfungsähnliche Aufgabe 2: **Körperschaftssteuer**

Ihnen als Bilanzbuchhalter der Anglo Britian GmbH liegen zum 31.12.2015 folgende Daten vor:

Betriebseinnahmen im Jahr	900.000,00 €
Monatliche Einnahmen aus Vermietung eines betrieblichen Grundstücks	3.000,00 €
Zinseinnahmen aus einem betrieblichen Bankguthaben	1.400,00 €
Wareneinkäufe im Jahr	200.000,00 €
Löhne und Gehälter pro Monat	15.000,00 €
Sozialabgaben für Krankenkassen pro Monat	3.500,00 €
Pachtzahlungen für betriebliche Räume pro Monat	1.500,00 €
Jährliche Abschreibungen für das Anlagevermögen	20.000,00 €
Wertberichtigung einer Forderung eines Kunden	6.000,00 €
Leasingraten für PKW pro Monat	500,00 €
Rückzahlung eines Darlehens (davon Zinsen 6.000 Euro und Tilgung von 10.000 Euro) im Jahr	16.000,00 €
Sonstige Betriebsausgaben pro Monat	25.000,00 €
Ausgaben für einen maßgeschneiderten Anzug für den Geschäftsführer der GmbH	2.500,00 €

Ermitteln Sie die Körperschaftssteuer und den Solidaritätszuschlag! **(12 Punkte)**

Prüfungsähnliche Aufgabe 3: **Gewerbesteuer**

Sie sind bei der Stahlbau GmbH im Dezember des Geschäftsjahres mit den Jahresabschlussarbeiten beschäftigt.

a) Erläutern Sie in den folgenden Fällen, wie genau handels- und steuerrechtlich zu verfahren ist:

Fall 1	In der Produktionslinie N° 3 konnten die notwendigen Wartungsarbeiten wegen hoher Produktionsauslastung nicht ausgeführt werden. Deshalb sollen diese im Januar des nächsten Jahres nachgeholt werden. Die Kosten dafür werden sich auf 20.000 Euro belaufen.
Fall 2	Das Rohrleitungssystem der betriebseigenen Wasseraufbereitungsanlage konnte ebenso nicht erneuert werden, weil das externe Serviceunternehmen hierfür Kapazitätsengpässe hatte und diese Arbeiten erst im März des nächsten Jahres ausführen könnte. Das Angebot hierfür lautet 150.000 Euro.
Fall 3	Die Mieteinnahme für Januar des nächsten Jahres (für ein betriebseigenes Objekt) wurde bereits am 27.12. des laufenden Jahres bezahlt.

(15 Punkte)

b) Es wurde für die Stahlbau GmbH ein Gewerbeertrag von 20.000 Euro ermittelt. Errechnen Sie hierfür eine Gewerbesteuerrückstellung bei einem Hebesatz von 350% **(5 Punkte)**

c) Wie genau wird eine Gewerbesteuernachzahlung seit 2008 gebucht? **(5 Punkte)**

d) Beschreiben Sie, welche Wirkung die Bildung von Rückstellungen hat und warum Rückstellungen auf der Passivseite der Bilanz ausgewiesen werden müssen. **(10 Punkte)**

Prüfungsähnliche Aufgabe 4: **Steuerberater**

a) Kreuzen Sie zu dem jeweiligen Sachverhalt die zugehörige Art von Befugnis eines Steuerberaters an:

	Unbeschränkte Befugnis	**Beschränkte Befugnis**	**Keine Befugnis**
Notar			
Wirtschaftsprüfer			
Steuerfachangestellte/r			
Lohnsteuerhilfeverein			
Vereidigter Buchprüfer			
Rechtsanwalt			
Steuerberater			
Rechtsanwalt und Steuerberater in einer gemeinsamen Partnergesellschaft			
Steuerfachwirt			
Unternehmensberater			
Arbeitgeber			

(10 Punkte)

b) Kreuzen Sie zu dem jeweiligen Sachverhalt an, ob dies mit dem Beruf eines Steuerberaters vereinbar ist oder nicht.

	vereinbar	**nicht vereinbar**
Steuerberater A übernimmt die Aufgabe eines Insolvenzverwalters		
Steuerberater B beteiligt sich als Gesellschafter an einer OHG		
Steuerberater C ist Kassenwart eines Basketballvereins		
Steuerberater D vertritt einen Mandanten in einem Steuerstrafverfahren		
Steuerberater E berät einen Mandanten bei der Umstellung seiner betrieblichen Organisation auf EDV		
Steuerberater F ist Herausgeber eines Steuerfachlehrbuchs		
Steuerberater G möchte eine Immobilienagentur betreiben, welche er von einem Bekannten übernehmen kann		

(10 Punkte)

Prüfungsähnliche Aufgabe 5: **Besteuerung eines Unternehmens**

Die Axxanos GmbH hat ihren Geschäftssitz in Bad Rappenau. Der Gegenstand des Unternehmens ist die Herstellung und der Verkauf von hochwertigen Entsalzungsanlagen für die Wasseraufbereitung.

Für das aktuelle Jahr liegen Ihnen hierbei folgenden Informationen vor:

- Der Jahresumsatz des Unternehmens beträgt 30 Millionen Euro.
- Der Jahresüberschuss beträgt 1 Millionen Euro.
- Das zu versteuernde Einkommen (=Gewerbeertrag) beträgt 1,5 Millionen Euro.

Die Axxanos GmbH plant im benachbarten Bad Wimpfen nun ein neues Betriebsgebäude zu errichten. Das Finanzierungsvolumen für dieses Vorhaben beträgt 10 Millionen Euro.

Es stehen für dieses Vorhaben nun zwei Finanzierungsalternativen zur Auswahl:
Fremdfinanzierung über ein Bankdarlehen, endfällig, jährlicher Zinsaufwand von 500.000 Euro.
Eigenfinanzierung durch eine Kapitalerhöhung, keine laufenden Finanzierungsaufwendungen.

Die Axxanos GmbH hat eine Tochtergesellschaft in Ungarn, welche für die besagten Anlagen die Wasserfilter herstellt. Die Axxanos Hungary Kkt. ist eine hundertprozentige Tochter der deutschen Axxanos GmbH.

Die Axxanos GmbH beliefert die Tochtergesellschaft in Ungarn (Axxanos Hungary Kkt.) regelmäßig mit Material für die Herstellung der besagten Wasserfilter.

a) Berechnen Sie nachvollziehbar die voraussichtliche Steuer für dieses Jahr vom Einkommen und Ertrag der Axxanos GmbH. Der Hebesatz der Stadt Bad Rappenau beträgt 490%.
(5 Punkte)

b) Ermitteln Sie rechnerisch nachvollziehbar die jährliche gewerbesteuerliche Mehrbelastung für den Fall, dass sich die Axxanos GmbH für die Fremdfinanzierung über das Bankdarlehen entscheidet. Es liegen dabei keine weiteren Finanzierungsentgelte im Sinne des § 8 Nr. 1 GewStG vor.
(2 Punkte)

c) Erläutern Sie, wie die Lieferungen der Axxanos GmbH an die Tochtergesellschaft in Ungarn umsatzsteuerlich zu behandeln sind. Stellen Sie zudem die Meldung dar, die in diesem Zusammenhang erstellt werden muss. **(2 Punkte)**

Prüfungsähnliche Aufgabe 6: **Grunderwerbssteuer**

Der Unternehmer Herr Albert möchte in nächster Zeit einige Grundstücksaktionen vornehmen. Für die folgenden Vorgänge werden Sie hierbei um Prüfung gebeten, ob folgende Fälle der Grunderwerbessteuer unterliegen:

a) ein Grundstückserwerb durch Herrn Albert von der Ehefrau (einer Verkäuferin),

b) die Abgabe des Meistgebotes mit Zuschlag in Höhe von 4.000 Euro in einem Zwangsversteigerungsverfahren,

c) eine Grundstücksschenkung von der Mutter von Herrn Albert.

Begründen Sie hierfür unter Angabe von den jeweiligen Paragrafen, ob eine Besteuerung bei diesen genannten Vorgängen nach dem Grunderwerbssteuergesetz (GrEStG) erfolgt.
(4 Punkte je Aufgabe)

Prüfungsähnliche Aufgabe 7: **Geringwertige Wirtschaftsgüter**

Der Kauf eines Druckers auf Ziel beträgt 100 Euro zzgl. 19 Euro Umsatzsteuer. Die betriebsgewöhnliche Nutzungsdauer beträgt 5 Jahre.

a) Geben Sie zwei Möglichkeiten der buchmäßigen Erfassung an. **(15 Punkte)**

b) Wie lauten zu den beiden Möglichkeiten jeweils die Buchungssätze der Anschaffung und der Abschreibung am Ende des Wirtschaftsjahres? **(8 Punkte)**

c) Was wäre gewesen, wenn der Drucker einen Bruttopreis von 240 Euro gehabt hätte? Gehen Sie bei dieser Frage auf die Sofortabschreibung ein? **(5 Punkte)**

Prüfungsähnliche Aufgabe 8: **Körperschaftssteuerliche Organschaft**

Die Aurelis AG hält 100% der Anteile an ihrer Tochter Aurelis Produktions GmbH und 100% der Anteile an der zweiten Tochter Aurelis Logistik GmbH. Beide Gesellschaften befinden sich im Inland.

Während die Mutter „Aurelis AG", sowie die Aurelis Produktions GmbH je einen steuerlichen Gewinn von 200.000 Euro jährlich erzielen, entsteht bei der Aurelis Logistik GmbH ein jährlicher Verlust in Höhe von 300.000 Euro.

a) Erläutern Sie die Rechtsfolgen, welche sich für eine körperschaftssteuerliche Organschaft ergeben **(5 Punkte)**

b) Stellen Sie die steuerlichen Vorteile einer körperschaftssteuerlichen Organgesellschaft anhand des oben genannten Sachverhalts dar. **(5 Punkte)**

Prüfungsähnliche Aufgabe 9: **Steuerliche Belastung**

Willi Schmidt ist Prokurist eines gut laufenden Heizungs- und Sanitär-Meisterbetriebes (in der Rechtsform e.K.) in Usingen. Die Firma hat mehrere Mitarbeiter. Im Rahmen der Unternehmensnachfolge soll der Sohn von Herrn Schmidt den Meisterbetrieb übernehmen.

Aufgrund der Teilnahme an einer Vortragsveranstaltung bei der örtlichen IHK über das neue GmbH-Recht überlegt Herr Schmidt Junior nun, das neue Einzelunternehmen in dieser Rechtsform weiterzuführen oder in eine Gesellschaft mit beschränkter Haftung umzuwandeln. Dazu will er eine Analyse der steuerlichen Behandlung der Geschäftsvorfälle und Geschäftsergebnisse im Vergleich bei dem Einzelunternehmen und bei der GmbH vornehmen.

Herr Schmidt verwendet die Geschäftszahlen aus dem Jahr 2015 und geht sicher wieder davon aus, dass diese sich 2016 auch wieder realisieren lassen:

Verkürzte Gewinn- und Verlustrechnung (nach Handelsrecht) vom 1. Januar bis 31. Dezember 2015

	Vorspalte	e.K. (€)	Vorspalte	GmbH (€)
Umsatzerlöse	2.600.000,00 €		2.600.000,00 €	
Sonstige betriebliche Erträge	100.000,00 €		100.000,00 €	
Gesamtleistung		2.700.000,00 €		2.700.000,00 €
Materialaufwand		750.000,00 €		750.000,00 €
Personalaufwand		1.405.000,00 €		1.405.000,00 €
davon Gehälter Mitarbeiter	1.234.000,00 €		12.340.000,00 €	
davon Gehälter Willi Schmidt	150.000,00 €		150.000,00 €	
davon Beiträge Unterstützungskasse Schmidt	18.000,00 €		18.000,00 €	
davon Zuschuss private Krankenversicherung Schmidt	3.000,00 €		3.000,00 €	
Abschreibungen auf immaterielle Vermögensgegenstände des Anlagevermögens und Sachanlagen		50.000,00 €		50.000,00 €
Sonstige betriebliche Aufwendungen		360.000,00 €		360.000,00 €
Zinsen und ähnliche Aufwendungen		35.000,00 €		35.000,00 €
JAHRESÜBERSCHUSS		100.000,00 €		100.000,00 €

Verkürzte Gewinn- und Verlustrechnung (nach Steuerrecht) vom 1. Januar bis 31. Dezember 2015

	Vorspalte	e.K. (€)	Vorspalte	GmbH (€)
Umsatzerlöse	2.600.000,00 €	D	2.600.000,00 €	
Sonstige betriebliche Erträge	100.000,00 €		100.000,00 €	
Gesamtleistung		2.700.000,00 €		2.700.000,00 €
Materialaufwand		750.000,00 €		750.000,00 €
Personalaufwand				
davon Gehälter Mitarbeiter	1.234.000,00 €		12.340.000,00 €	
davon Gehälter Willi Schmidt				
davon Beiträge Unterstützungskasse Schmidt				
davon Zuschuss private Krankenversicherung Schmidt				
Abschreibungen auf immaterielle Vermögensgegenstände des Anlagevermögens und Sachanlagen		50.000,00 €		50.000,00 €
Sonstige betriebliche Aufwendungen		360.000,00 €		360.000,00 €
Zinsen und ähnliche Aufwendungen		35.000,00 €		35.000,00 €
JAHRESÜBERSCHUSS				

Hinweise / Zusatzangaben zu den abgebildeten GuVs auf der letzten Seite:

- Bei der Gewerbesteuer ergibt sich nach Auskunft des Steuerberaters der Firma eine Hinzurechnung gemäß § 8 GewStG in Höhe von 4.300 Euro (nach Abzug des Freibetrags),
- Der GewSt.-Hebesatz der Gemeinde Usingen beträgt derzeit 400%.
- Das Umwandlungsgesetz und das Umwandlungssteuergesetz sind nicht zu beachten.
- Der Einkommenssteuersatz von Herrn Schmidt Junior soll 42% betragen.
- Die Freibeträge bei den einzelnen Einkaufsarten der Einkommenssteuer sollen vernachlässigt werden.
- Es ist kaufmännisch immer auf volle Euro zu runden.

a) Vervollständigen Sie die steuerrechtliche Gewinn- und Verlustrechnung 2015 in der Tabelle auf der vorherigen Seite in den offenen Feldern im Bereich Personalaufwand und ermitteln Sie das steuerliche Ergebnis. **(15 Punkte)**

b) Ermitteln Sie für das Einzelunternehmen und die GmbH für den Veranlagungszeitraum 2016 die steuerliche Belastung auf der Ebene des Unternehmens sowie auf der Ebene des Anteilseigners. Verwenden Sie hierzu das nachfolgende Bearbeitungsschema: **(15 Punkte)**

Berechnung Gewerbesteuer	e.K.	GmbH
Gewerbeertrag (§ 7 GewStG)		
Hinzurechnung zum Gewerbeertrag		
= Maßgeblicher Gewerbeertrag		
abzgl. Freibetrag (§ 11 GewStG)		
= Gekürzter Gewerbeertrag		
Festsetzung des Steuermessbetrages (Steuermesszahl 3,50%)		
Steuerschuld (Hebesatz 400%)		
Steuerbelastungsvergleich 2016	**e.K.**	**GmbH**
Steuerliche Belastung des Unternehmens		
Gewerbesteuer		
Körperschaftssteuer		
Solidaritätszuschlag		
= Summe Gesellschaft		
Steuerliche Belastung des Unternehmers (Vollausschüttung)		
Einkommenssteuer auf Gewinn aus Gewerbebetrieb		
Einkommenssteuer auf Einkünfte aus unselbstständiger Arbeit (Geschäftsführergehalt)		
Einkommenssteuer auf Einkünfte aus Kapitalvermögen		
Solidaritätszuschlag (5,5%)		
Gewerbesteuer-Anrechnung (§ 35 a EStG)		
= Summe Unternehmer		
Steuerliche Belastung GESAMT (Unternehmen + Unternehmer)		
Mehrbelastung		

Prüfungsähnliche Aufgabe 10: **Umsatzsteuer**

Ein Hersteller von Maschinen liefert an einen seiner Kunden eine neuwertige Maschine im Wert von 20.000 Euro netto. Es wird hierfür eine ordnungsgemäße Rechnung erstellt, in welcher die Umsatzsteuer mit 19% in Höhe von 3.800 Euro ausgewiesen wird.

Ihnen liegen hierfür folgende Daten vor:

Kaufvertrag	10.01.2015
Übergabe	15.02.2015
Rechnung	15.02.2015
Bezahlung	20.03.2015

a) Nennen Sie die zwei grundsätzlichen Arten der Steuerberechnung und stellen Sie diese Arten dar.
(10 Punkte)

b) Erklären Sie anhand des hier aufgeführten Sachverhalts, wann die Umsatzsteuer bei einer Soll-Versteuerung und bei einer Ist-Versteuerung an das Finanzamt zu melden und abzuführen ist.
(10 Punkte)

Multiple-Choice-Fragen zur Wiederholung

E1) Welche der folgenden Aussagen treffen auf Steuern zu bzgl. der Abgabenordnung?
***Hinweis**: Mehrere Antworten sind hier möglich!*

a) ☐ Geldleistungen ohne spezifische Gegenleistungen.

b) ☐ Erhebung erfolgt durch öffentlich-rechtliches Gemeinwesen.

c) ☐ Geld- und Sachleistungen nach der Abgabenordnung.

d) ☐ Nach Tarifbekanntgabe definierte Sätze von Gebühren.

E2) Nennen Sie die Grundsätze auf denen die Besteuerung beruht?
***Hinweis**: Mehrere Antworten sind hier möglich!*

a) ☐ Unternehmerische Grundsätze.

b) ☐ Soziale und ethische Grundsätze.

c) ☐ Volkswirtschaftliche Grundsätze.

d) ☐ Fiskalische und wirtschaftspolitische Grundsätze

E3) Was ist der Unterschied zwischen direkten und indirekten Steuern?

a) ☐ Bei direkten Steuern sind Schuldner und Steuerträger identisch. Indirekte können nicht überwälzt werden.

b) ☐ Bei direkten Steuern wird der erste Betroffene versteuert. Bei indirekten erst der Dritte.

c) ☐ Es existieren hierbei keine wesentlichen Unterschiede.

d) ☐ Es existieren hierbei nur Unterschiede in der Höhe der Besteuerung.

E4) Wie können Steuertarife grundsätzlich gestaltet sein?

a) ☐ Steuertarife können direkt oder indirekt gestaltet sein.

b) ☐ Steuertarife werden immer nach der Region und der Bevölkerungsdichte gestaltet.

c) ☐ Steuertarife können progressiv, proportional oder regressiv gestaltet sein.

d) ☐ Steuertarife werden nach ihrem zeitlichen Gültigkeitszeitraum gestaltet.

E5) Welche der folgenden Steuern können den typischen Unternehmenssteuern zugeordnet werden?
***Hinweis**: Mehrere Antworten sind hier möglich!*

a) ☐ Tabaksteuer

b) ☐ Einkommenssteuer

c) ☐ Gewerbesteuer

d) ☐ Kapitalertragssteuer

E6) Welche der folgenden Aussagen bzgl. des Hebesatzes für die Gewerbesteuer ist richtig?

a) ☐ Der Hebesatz für die Gewerbesteuer wird von der jeweiligen Gemeinde festgelegt.

b) ☐ Der Hebesatz für die Gewerbesteuer beträgt generell 165%.

c) ☐ Der Hebesatz für die Gewerbesteuer wird vom Bundesamt für Steuern festgelegt.

d) ☐ Der Hebesatz für die Gewerbesteuer wird vom jeweiligen Finanzamt bestimmt.

E7) Welche Umsätze werden in Deutschland den steuerbaren Umsätze zugeteilt?
***Hinweis**: Mehrere Antworten sind hier möglich!*

a) ☐ Ausfuhr aus dem Inland.

b) ☐ Einfuhr in das Inland.

c) ☐ Innergemeinschaftlicher Erwerb.

d) ☐ Schenkung durch einen Dritten.

E8) Wer ist zum Vorsteuerabzug berechtigt?

a) ☐ Ausschließlich Kapitalgesellschaften innerhalb Deutschland

b) ☐ Ausschließlich Personengesellschaften innerhalb Deutschland

c) ☐ Ausschließlich Unternehmer im Rahmen ihrer unternehmerischen Tätigkeit

d) ☐ Ausschließlich Privatpersonen im Rahmen des alltäglichen Verbrauchs

E9) Welche Arten der Gewinnermittlung können im Rahmen des EStG angewandt werden?
***Hinweis**: Mehrere Antworten sind hier möglich!*

a) ☐ Betriebsvermögensvergleich

b) ☐ Ermittlung der GuV

c) ☐ Einnahmenüberschussrechnung

d) ☐ Durchschnittssätze

E10) Welche der folgend genannten Beweismittel kann das Finanzamt nach der AO einholen?
***Hinweis**: Mehrere Antworten sind hier möglich!*

a) ☐ Auskünfte

b) ☐ Bundesanzeiger-Auszüge

c) ☐ Urkunden und Akten

d) ☐ Augenschein

E11) Wie genau kann eine Steuererklärung berichtigt werden?

a) ☐ Durch unverzügliche Anzeige und Richtigstellung vor Ablauf der Festsetzungsfrist

b) ☐ Durch einen Berichtigungsantrag vor Ablauf der Festsetzungsfrist

c) ☐ Durch einen Selbstanzeige bei der örtlichen Polizei

d) ☐ Durch eine beglaubigte Richtigstellung innerhalb des Besteuerungszeitraumes

E12) Was genau versteht man unter offenbarer Unrichtigkeit?

a) ☐ Versehen des Wirtschaftsprüfers beim Ausstellen der Bilanz

b) ☐ Mechanische Versehen oder Versehen der Finanzbehörden

c) ☐ Besteuerung über dem Durchschnitt durch die Finanzbehörden

d) ☐ Besteuerung unter dem üblichen Steuersatz

6. Berichterstattung und Auswertung

VERSTÄNDNISAUFGABEN

Nr.	Aufgabe	Seite	Verstanden	Nicht verstanden
1	**Analyse von Jahresabschlüssen**	89		
2	**Due Dilligence**	89		
3	**Kapitalflussrechnung**	90		
4	**Ermittlung des RoI**	91		
5	**Darstellung von Werten**	92		
6	**Hintergründe einer Strukturbilanz**	93		
7	**Bilanzanalyse**	94		
8	**Balanced Scorecard**	97		
9	**Working Capital**	98		

PRÜFUNGSBLOCK 1

Nr.	Aufgabe	Seite	a) SOLL	a) IST	b) SOLL	b) IST	c) SOLL	c) IST	d) SOLL	d) IST	GESAMT	MINUTEN
1	**Auswirkungen eines Projekts**	99	5		6		10		6			
2	**Bilanzanalyse**	100	15									
3	**Bewegungsbilanz und Entscheidungen**	102	12		8							**90**
4	**Controlling**	103	10		6							
5	**Auswertung betrieblicher Statistiken**	104	6		2		4					
6	**Controlling im Berichtswesen**	104	10									
	Ihre ermittelte Gesamtpunkteanzahl für diese Prüfungsblock											

Verständnisaufgabe 1: **Analyse von Jahresabschlüssen**

a) Zählen Sie drei Schritte auf, in denen die Analyse eines Jahresabschlusses erfolgt und beschreiben Sie die jeweiligen Aktivitäten jeden Schrittes.

b) Was unterscheidet eine statische Analyse eines Jahresabschlusses von der dynamischen Analyse?

Verständnisaufgabe 2: **Due Dilligence**

a) Erklären Sie die Aufgabe von Due Dilligence.

b) Zählen Sie die vier wesentlichen Formen der Due Dilligence auf und beschreiben Sie, was genau bei der jeweiligen Form überprüft wird.

Verständnisaufgabe 3: **Kapitalflussrechnung**

Die Auralis AG überlegt, erstmals eine Kapitalflussrechnung nach der indirekten Methode zu erstellen. Der Leiter des Finanzmanagements bittet Sie zu ermitteln, mit welchen Werten die folgenden Positionen in die Kapitalflussrechnung des aktuellen Jahres einfließen würden.

Nr.	Posten	dieses Jahr	letztes Jahr
1	Pensionsrückstellungen	224,00 €	156,00 €
2	Darlehen	324,00 €	280,00 €
3	Vorräte	1.048,60 €	573,00 €
4	Forderungen aus Lieferungen und Leistungen	1.091,00 €	971,40 €
5	Verbindlichkeiten aus Lieferungen und Leistungen	3.426,90 €	3.600,80 €
6	Aktive Rechnungsabgrenzungsposten	281,20 €	255,20 €
7	Bilanzgewinn	412,00 €	697,40 €
8	Finanzanlagen	7.298,00 €	5.882,90 €
	Zugänge in diesem Jahr	**2.870,70 €**	
9	Verbindlichkeiten gegenüber Kreditinstituten	1.712,70 €	1.281,10 €
10	Passive Rechnungsabgrenzungsposten	58,50 €	42,00 €
11	Sachanlagen	789,00 €	683,50 €
	Zugänge in diesem Jahr	250,50 €	
	Abschreibungen in diesem Jahr	96,50 €	
	Zuschreibungen in diesem Jahr	1,50 €	
	Verluste aus Anlageabgängen in diesem Jahr	4,00 €	

Bei den Finanzanlagen gab es keine Abschreibungen, Zuschreibungen oder Buchgewinne/-verluste beim Verkauf.

Berechnen Sie für jede Position, welcher Wert in eine Kapitalflussrechnung übernommen werden müsste. Benutzen Sie hierfür die folgende Tabelle. Tragen Sie auch zu jedem Wert die korrekten Vorzeichen ein (+ *oder* -)

Nr.	Posten	dieses Jahr	letztes Jahr	+ / -	Übernahme
1	Pensionsrückstellungen	224,00 €	156,00 €		
2	Darlehen	324,00 €	280,00 €		
3	Vorräte	1.048,60 €	573,00 €		
4	Forderungen aus Lieferungen und Leistungen	1.091,00 €	971,40 €		
5	Verbindlichkeiten aus Lieferungen und Leistungen	3.426,90 €	3.600,80 €		
6	Aktive Rechnungsabgrenzungsposten	281,20 €	255,20 €		
7	Bilanzgewinn	412,00 €	697,40 €		
8	Finanzanlagen	7.298,00 €	5.882,90 €		
	Zugänge in diesem Jahr	**2.870,70 €**			
	Veräußerungserlös aus Abgängen von Finanzanlagen aus diesem Jahr				
9	Verbindlichkeiten gegenüber Kreditinstituten	1.712,70 €	1.281,10 €		
10	Passive Rechnungsabgrenzungsposten	58,50 €	42,00 €		
11	Sachanlagen	789,00 €	683,50 €		
	Zugänge in diesem Jahr	250,50 €			
	Veräußerungserlös aus Abgängen von Finanzanlagen aus diesem Jahr				

Verständnisaufgabe 4: **Ermittlung des RoI**

Ihnen liegt folgende Bilanz und GuV eines Unternehmens vor:

Bilanz:

AKTIVA			PASSIVA		
Grundstücke und Gebäude	500.000,00 €		Eigenkapital		1.000.000,00 €
Techn. Anlagen und Maschinen	500.000,00 €		Grundschuld		500.000,00 €
Betriebs- u. Geschäftsausstattung	200.000,00 €		Verbindlichkeiten aus L. und L.	300.000,00 €	
Summe Anlagevermögen		1.200.000,00 €	Sonstige Verbindlichkeiten	200.000,00 €	
Vorräte	500.000,00 €		Summe kurzfristiger Verbindlichkeiten		500.000,00 €
Forderungen	250.000,00 €				
Zahlungsmittel	50.000,00 €				
Summe Umlaufvermögen		800.000,00 €			
		2.000.000,00 €			2.000.000,00 €

GuV:

AKTIVA		PASSIVA	
Roh-, Hilfs- und Betriebsstoffe	1.700.000,00 €	Umsatzerlöse	3.300.000,00 €
Aufwendung für bezogene Leistungen	300.000,00 €		
Personalkosten fix	400.000,00 €		
Personalkosten proportional	400.000,00 €		
Abschreibungen	100.000,00 €		
Fremdkapitalkosten	40.000,00 €		
Sonstige fixe Kosten	260.000,00 €		
Gewinn	100.000,00 €		
	3.300.000,00 €		3.300.000,00 €

Formel für den Return on Investment:

$$Return\ on\ \text{Investment}\ (RoI) = \frac{Gewinn*100}{Umsatz} * \frac{Umsatz}{Investiertes\ Kapital} = \frac{Gewinn*100}{Investiertes\ Kapital}$$

Kapitalertrags-Stammbaum:

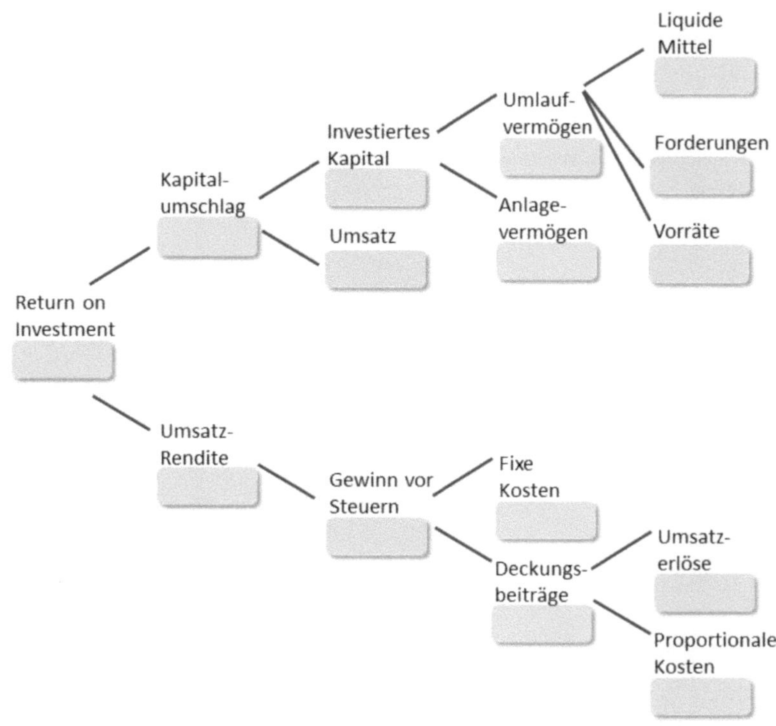

a) Berechnen Sie den RoI auf der Basis der im Sachverhalt aufgezeigten Bilanz und GuV.

b) Ermitteln Sie die Veränderung des RoI, wenn der Umsatz mengenmäßig um 3% steigen würde. Ausgangsdaten hierbei sind die im Sachverhalt aufgezeigte Bilanz und GuV.

c) Ermitteln Sie den RoI, wenn die Umsatzerlöse (wertmäßig) um 5% gesteigert werden.

Verständnisaufgabe 5: **Darstellung von Werten**

Welche der folgenden Beschreibungen können der jeweiligen Abbildung zugeordnet werden?

a) Zahlenwerte werden über einen bestimmten Zeitraum mithilfe von horizontal nebeneinander angeordneten Säulen dargestellt; vertikale Achse enthält Werte; horizontale Achse enthält Rubriken. **> Zuordnung zu Abbildung ____**

b) Zahlenwerte werden mithilfe von vertikal übereinander angeordneten Balken dargestellt; die vertikale Achse enthält i.d.R. die Rubriken, die horizontale Achse die Werte. **> Zuordnung zu Abbildung ____**

c) Zahlenwerte und deren Tendenzen werden über einen bestimmten Zeitraum mit Linien dargestellt; vertikale Achse enthält Werte; horizontale Achse enthält Rubriken. **> Zuordnung zu Abbildung ____**

d) (XY)-Diagramm, Zahlenwerte werden über einen bestimmten Zeitraum in Form von Punkten dargestellt. Diese Darstellungsmöglichkeit besitzt i.d.R. zwei Größenachsen. **> Zuordnung zu Abbildung ____**

e) Mehrere Zahlenwerte werden mithilfe von vertikal übereinander angeordneten Balken dargestellt. Diese unterschiedlichen Werte werden durch Baken übereinander geschichtet. **> Zuordnung zu Abbildung ____**

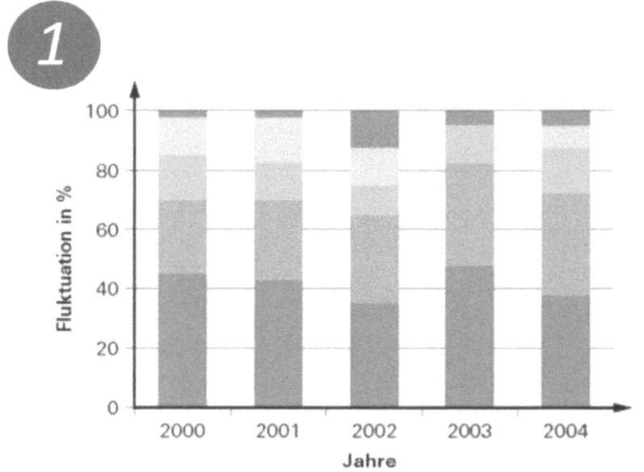

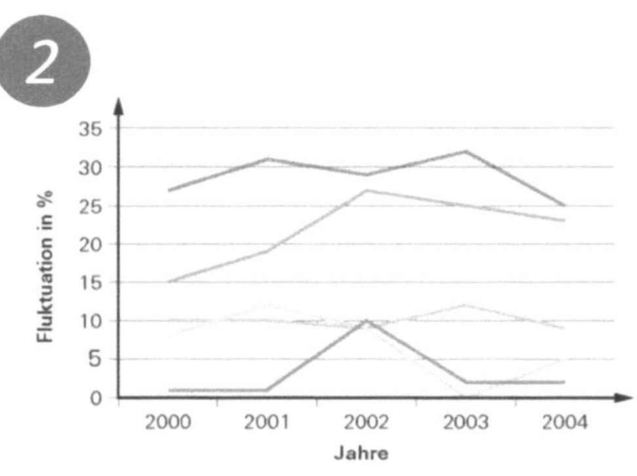

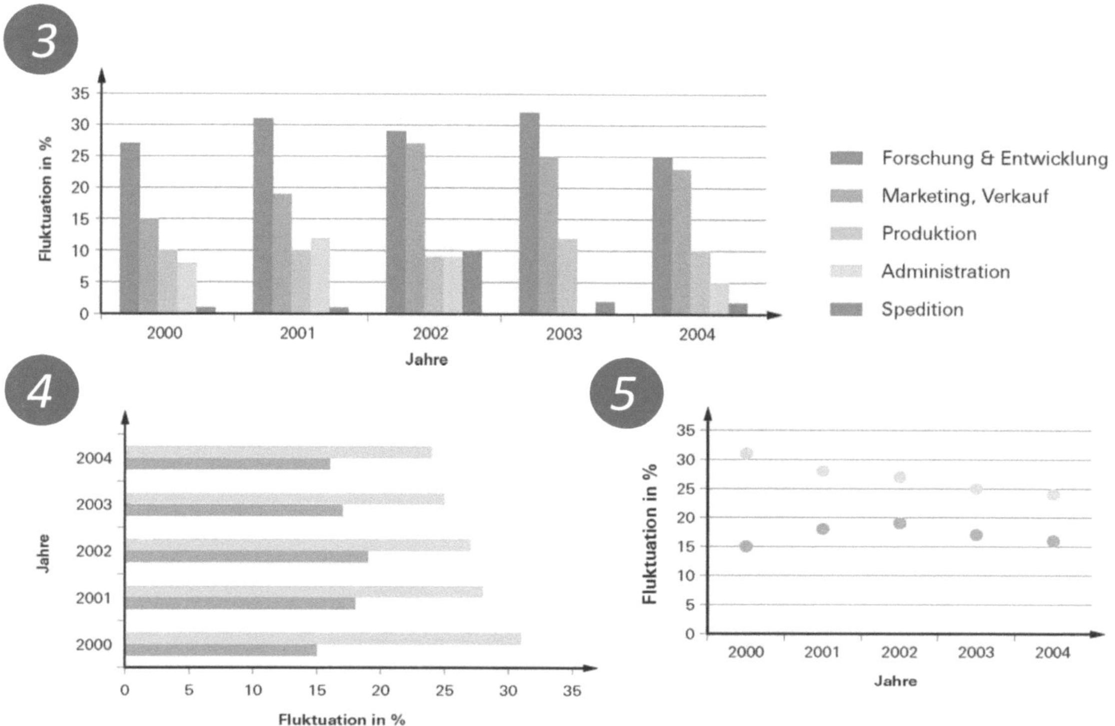

Verständnisaufgabe 6: **Hintergründe einer Strukturbilanz**

Sie bekommen den Auftrag ein Unternehmen zu analysieren, von dem Ihnen nur Kennzahlen vorliegen aber die Bilanz völlig fehlt.

Die Kennzahlen hierbei sind die folgenden:

Anlagendeckungsgrad I	50%
Anlagendeckungsgrad II	140%
Eigenkapitalrentabilität	15%
Forderungsquote	25%
Gewinn	15.000,00 €
Liquidität dritten Grades	200%
Statischer Verschuldungsgrad	4
Vorratsquote	30%

Stellen Sie für dieses Unternehmen eine Strukturbilanz auf, welcher diese (oben aufgeführten) Kennzahlen zugrunde liegen.

Verständnisaufgabe 7: **Bilanzanalyse**

Die Best Furniture AG aus Köln wurde 2011 gegründet. Die Aktien befinden sich im Besitz der drei Unternehmensgründer Cakmak, Klemens und Bergmann. Kundenzielgruppen sind vornehmlich Schulen, Universitäten und soziale Einrichtungen. Der Umsatz des Unternehmens ist kontinuierlich gewachsen. Im Geschäftsjahr 2015 wurde ein Umsatz von 13.400.000 Euro erzielt. Das Unternehmen stellt Ihnen folgende Bilanzübersicht zur Verfügung:

AKTIVA	2015	2014
A. Anlagevermögen		
I. immaterielle Vermögensgegenstände	300.000,00 €	350.000,00 €
II. Sachanlagen		
1. Grundstücke und Bauten	1.750.000,00 €	1.610.000,00 €
2. Technische Anlagen und Maschinen	1.600.000,00 €	1.490.000,00 €
3. andere Anlagen, Betriebs- und Geschäftsausstattung	780.000,00 €	975.000,00 €
III. Finanzanlagen		
1. Beteiligungen	420.000,00 €	320.000,00 €
B. Umlaufvermögen		
I. Vorräte		
1. Roh-, Hilfs- und Betriebsstoffe	288.000,00 €	125.000,00 €
2. unfertige Erzeugnisse	162.000,00 €	125.000,00 €
3. fertige Erzeugnisse und Waren	370.000,00 €	210.000,00 €
II. Forderungen und sonstige Vermögensgegenstände		
1. Forderungen aus Lieferungen und Leistungen	585.000,00 €	435.000,00 €
2. Sonstige Vermögensgegenstände (Forderungen)	27.000,00 €	17.000,00 €
III. Wertpapiere		
1. sonstige Wertpapiere	20.000,00 €	20.000,00 €
IV. Schecks, Kassenbestand, Bundesbank- und Postgirog	282.000,00 €	390.000,00 €
C. Rechnungsabgrenzungsposten	16.000,00 €	33.000,00 €
	6.600.000,00 €	6.100.000,00 €

PASSIVA	2015	2014
A. Eigenkapital		
I. Gezeichnetes Kapital	1.200.000,00 €	1.200.000,00 €
II. Kapitalrücklagen	40.000,00 €	40.000,00 €
III. Gewinnrücklagen		
1. Gesetzliche Gewinnrücklagen	80.000,00 €	80.000,00 €
2. Andere Gewinnrücklagen	270.000,00 €	200.000,00 €
IV. Gewinnvortrag	44.000,00 €	20.000,00 €
V. Jahresüberschuss	296.000,00 €	274.000,00 €
B. Rückstellungen		
1. Rückstellungen für Pensionen	920.000,00 €	820.000,00 €
2. sonstige Rückstellungen	44.000,00 €	36.000,00 €
Verbindlichkeiten		
1. Verbindlichkeiten gegenüber Kreditinstituten	2.950.000,00 €	2.810.000,00 €
2. Verbindlichkeiten aus Lieferungen und Leistu	653.000,00 €	525.000,00 €
3. sonstige Verbindlichkeiten,		
davon aus Steuern	12.000,00 €	19.000,00 €
davon im Rahmen sozialer Sicherheiten	45.000,00 €	40.000,00 €
C. Rechnungsabgrenzungsposten	46.000,00 €	36.000,00 €
	6.600.000,00 €	6.100.000,00 €

Neben zahlreichen Qualitätsverbesserungen in der Leistungserstellung soll bis 2017 ein leistungsfähiges Informationssystem aufgebaut werden. Seit 2011 werden dem Vorstand vom Rechnungswesen die folgenden Kennzahlen zur Verfügung gestellt:

Kennzahlen	**2011**	**2012**	**2013**	**2014**	**2015**
Vermögensstruktur					
Anlagenintensität	81,0%	79,2%	79,0%	77,8%	
Umlaufintensität	19,0%	20,8%	21,0%	22,2%	
Kapitalstruktur					
Eigenkapitalquote	21,8%	23,1%	24,8%	26,8%	
Fremdkapitalquote	78,2%	76,9%	75,2%	73,2%	
Anteil des langfristigen Fremdkapitals	65,0%	66,1%	62,5%	59,5%	
Anteil des kurzfristigen Fremdkapitals	13,2%	10,8%	12,7%	13,7%	
Verschuldungsgrad	3,6%	3,3%	3,0%	2,7%	
Finanzierung					
Anlagendeckung I	26,9%	29,2%	31,4%	34,4%	
Anlagendeckung II	107,2%	112,6%	110,5%	110,9%	
Liquidität					
Liquidität I	59,0%	56,5%	53,6%	49,0%	
Liquidität II	110,2%	105,6%	109,8%	107,1%	
Liquidität III	125,6%	124,8%	121,5%	162,1%	
Rentabilität					
Eigenkapitalrentabilität	18,8%	19,2%	17,8%	16,8%	
Gesamtkapitalrentabilität	12,1%	13,1%	11,2%	8,1%	
Umsatzrentabilität	3,4%	3,1%	2,7%	2,1%	
Return on Investment (ROI)	7,5%	8,1%	6,3%	4,5%	

a) Bereiten Sie die Bilanz (von der letzten Seite) für eine Bilanzanalyse auf und erstellen Sie für das Geschäftsjahr 2015 eine Strukturbilanz, indem Sie die folgende Tabelle verwenden:

AKTIVA	
Anlagevermögen	
Umlaufvermögen	
Forderungen	
Liquide Mittel	
Gesamtvermögen	
PASSIVA	
Eigenkapital	
Fremdkapital	
Langfristiges Fremdkapital	
Kurzfristiges Fremdkapital	
Gesamtkapital	

Beachten Sie dabei auch, dass der Jahresüberschuss von 2015 so verwendet werden soll: Dividende von 1 Euro je Aktie und eine Erhöhung der Gewinnrücklagen von 100.000 Euro. Der Nennwert je Aktie beträgt 5 Euro. Dividenden wurden bisher noch nicht ausgeschüttet. Zinsaufwendungen in 2015 waren 250.000 Euro.

b) Ermitteln Sie die folgenden Bilanzkennzahlen für 2015. Geben Sie dabei die jeweils verwendete Formel und den Rechenweg an. Runden Sie Ihre Ergebnisse auf eine Stelle nach dem Komma.

Kennzahlen	2015	Rechenweg
Vermögensstruktur		
Anlagenintensität		
Kapitalstruktur		
Eigenkapitalquote		
Finanzierung		
Anlagendeckung I		
Anlagendeckung II		
Liquidität		
Liquidität II		
Rentabilität		
Eigenkapitalrentabilität		
Gesamtkapitalrentabilität		
Umsatzrentabilität		
Return on Investment (ROI)		

c) Erläutern und beurteilen Sie die folgenden Kennzahlen:

- Eigenkapitalquote 2015
- Anlagendeckung II 2015
- Umsatzrentabilität 2015

d) Erläutern und beurteilen Sie die Liquidität II des Unternehmens und beschreiben Sie drei konkrete Maßnahmen, welche die Liquidität II des Unternehmens verbessern würden.

Verständnisaufgabe 8 **Balanced Scorecard**

Das Grundmodell der Balanced Scorecard umfasst vier Perspektiven:
Finanzen, Geschäftsprozesse, Innovation und Lernen sowie Kunden.

a) Nennen Sie zwei weitere Perspektiven, die sich unternehmensindividuell ergeben können.

b) Beschreiben Sie zwei mögliche Probleme, die bei der Implementierung und Ausgestaltung der Balanced Scorecard und der damit verbundenen Strategie auftreten können.

c) Erstellen Sie eine Beispiel-Balanced-Scorecard. Geben Sie zu jeder Perspektive ein Ziel mit zugehöriger Kennzahl, Vorgabe und Maßnahme an. Nutzen Sie hierzu die folgende Tabelle:

Perspektive	Ziel	Kennzahl	Vorgabe	Maßnahme
Finanzen				
Geschäftsprozesse				
Innovation und Lernen				
Kunden				

Verständnisaufgabe 9: **Working Capital**

Aus der Jahresplanung der Best-Maschinen AG liegen Ihnen auszugsweise die folgenden Daten vor (alle Angaben in Tsd. EUR):

Gewinn- und Verlustrechnung

Umsatzerlöse	8.400
Herstellungskosten des Umsatzes	5.880
Verwaltungskosten	820
Vertriebskosten	1.580
sonstige betriebliche Aufwendungen	860
Zinsaufwendungen	385
sonstige Steuern	150

Bilanz

	01.01. (IST)	**31.12. (PLAN)**
Roh-, Hilfs- und Betriebsstoffe	450	240
unfertige Erzeugnisse	235	105
fertige Erzeugnisse	585	265
Forderungen aus Lieferungen und Leistungen	830	750
Pensionsrückstellungen	550	580
Verbindlichkeiten aus Lieferungen und Leistungen	660	620

Abschreibungen laut Anlagenspiegel	845
Steuern von Einkommen und vom Ertrag	0

a) Berechnen Sie das Working Capital am Jahresanfang (IST) und am Jahresende (PLAN) sowie die Auswirkung auf den geplanten operativen Cashflow.

b) Ermitteln Sie den geplanten operativen Cashflow unter Berücksichtigung Ihrer Ergebnisse aus a) und erläutern Sie den ermittelten Wert.

Prüfungsähnliche Aufgabe 1: **Auswirkungen eines Projekts**

Die Wando AG aus Dresden ist ein Hersteller von qualitativ hochwertigen Wohnraummöbeln und stellt einen Jahresabschluss nach HGB auf. Sie plant, aufgrund steigender Nachfrage nach ihren Erzeugnissen, die Erweiterung der Produktion. Eine zweite Fertigungslinie mit einem Investitionsvolumen von etwa 8 Millionen Euro wurde, ab dem 01. April 2015, in neun Monaten errichtet.

Die Fertigstellung ist somit am Ende von 2015 erfolgt.

Dafür kam ausschließlich Fremdkapital zum Einsatz, namentlich ein endfälliges Darlehen mit einer Laufzeit von zehn Jahren (Auszahlung am 1. April 2015, Zinszahlung jeweils am Jahresende) und einer Nominalverzinsung von 6,5%.

Als Bilanzbuchhalter sollten Sie die Auswirkungen des Projektes für die Jahresabschlussanalyse, das Rating und die Bewertung überprüfen.

a) Begründen Sie, weshalb für das Projekt das interne Rating der Bank zur Anwendung kommen sollte. Stellen Sie drei Nachteile des externen Ratings für dieses Situation dar. **(5 Punkte)**

b) Nennen Sie hierbei eine Kennzahl, für die Beurteilung

- der **Vermögenslage**,
- der **Finanzlage** und
- der **Ertragslage**

zur Anwendung kommen sollte. **(6 Punkte, 2 je Nennung)**

c) Sachgerechte Schätzungen gehen bei einem guten Rating von einer Zinsersparnis in Höhe von 1,5% für die gesamte Investitionssumme aus.

Prüfen Sie die Auswirkungen eines solchen guten Ratings auf den Jahresüberschuss 2015. Berücksichtigen Sie die steuerlichen Auswirkungen, wenn der Satz für die Steuern vom Einkommen und Ertrag 30% beträgt. **(10 Punkte)**

d) Nennen Sie zwei Kennzahlen, die durch eine Zinsersparnis (in der Teilaufgabe c) beeinflusst werden kann. **(6 Punkte, 3 je Kennzahl)**

Prüfungsähnliche Aufgabe 2: **Bilanzanalyse**

Sie arbeiten derzeit in einem Ratingunternehmen und sind für Bilanzanalysen von KMUs zuständig. Ihnen wird die Bilanz und GuV der Triebe AG vorgelegt. Dieses Unternehmen produziert und vertreibt zum einen Nahrungsergänzungsmittel her und biologische Lebensmittel.

Im Zuge eines bevorstehenden Ratings sollen Sie anhand der gegebenen Daten folgende Kennzahlen ermitteln:

- Gesamtkapitalrentabilität,
- Eigenkapitalrentabilität,
- Fremdkapitalrentabilität,
- Umsatzrentabilität und das
- Working Capital Ratio

AKTIVA		
	2014	**2015**
Gebäude und Grundstücke	47.440,00 €	51.445,00 €
Beteiligungen	12.500,00 €	25.000,00 €
Roh-, Hilfs- und Betriebsstoffe	64.555,00 €	57.840,00 €
Unfertige Erzeugnisse	24.988,00 €	29.455,00 €
Fertige Erzeugnisse	67.885,00 €	149.544,00 €
Forderungen aus Lieferungen und Leistungen	66.885,00 €	45.877,00 €
Forderungen gegenüber verbundenen Unternehmen	€	12.500,00 €
Kassenguthaben	6.550,00 €	6.410,00 €
Bankguthaben	130.625,00 €	54.976,00 €
Bilanzsumme AKTIVA	**421.428,00 €**	**433.047,00 €**

PASSIVA		
	2014	**2015**
Gezeichnetes Kapital	124.000,00 €	124.000,00 €
Gesetzliche Rücklage	50.000,00 €	55.000,00 €
Satzungsmäßige Rücklagen	19.444,00 €	20.651,00 €
Pensionsrückstellungen	- €	18.440,00 €
Sonstige Rückstellungen	21.544,00 €	16.476,00 €
Darlehen (langfristig)	200.000,00 €	191.000,00 €
Verbindlichkeiten aus Lieferungen und Leistungen	6.440,00 €	7.480,00 €
Sonstige Verbindlichkeiten	€	€
Bilanzsumme PASSIVA	**421.428,00 €**	**433.047,00 €**

Hinweis: Auf der folgenden Seite finden Sie zu dieser Aufgabe eine weitere Abbildung der GuV.

GuV		
	2014	**2015**
Umsatzerlöse	215.444,00 €	298.446,00 €
Erhöhung des Bestands an fertigen und unfertigen Erzeugnissen	41.000,00 €	54.120,00 €
Aufwendungen für Roh-, Hilfs- und Betriebsstoffe	7.455,00 €	7.147,00 €
Personalaufwand	198.774,00 €	204.745,00 €
Abschreibungen auf Sachanlagen	6.000,00 €	8.964,00 €
Sonstige betriebliche Aufwendungen	- €	4.740,00 €
Erträge aus Beteiligungen	€	€
Zinsen und ähnliche Aufwendungen	3.210,00 €	3.210,00 €
Ergebnis der gewöhnlichen Geschäftstätigkeit	**41.005,00 €**	**123.760,00 €**
Steuern von Einkommen und Ertrag	3.690,45 €	11.138,00 €
Jahresüberschuss	**37.314,55 €**	**112.622,00 €**
Gewinnvortrag aus dem Vorjahr	5.000,00 €	- €
Bilanzgewinn	- €	- €
BILANZGEWINN	**42.314,55 €**	**112.622,00 €**

(15 Punkte)

Prüfungsähnliche Aufgabe 3: **Bewegungsbilanz und Entscheidungen**

Das Unternehmen Super-Web hat eine Prognose für die geplante Unternehmensexpansion erstellt und somit versucht die Bilanz für das nächste Jahr (Jahr 1) zu ermitteln. Die geplanten Werte der Bilanz- sowie die GuV-Positionen sind folgendermaßen:

	Jahr 0	Jahr 1 (PLAN)		Jahr 0	Jahr 1 (Plan)
Anlagevermögen			**Eigenkapital**		
Grundstücke	10.000,00 €	10.000,00 €	Eigenkapital	310.000,00 €	200.000,00 €
Maschinen	5.000,00 €	500.000,00 €			
Fuhrpark	5.000,00 €	20.000,00 €			
Betriebs- und Geschäftsausstattung	180.000,00 €	200.000,00 €			
Umlaufvermögen			**Verbindlichkeiten**		
Rohstoffe	100.000,00 €	350.000,00 €	Darlehen	110.000,00 €	630.000,00 €
Fertigerzeugnisse	10.000,00 €	10.000,00 €	Verbindlichkeiten a. LL.	20.000,00 €	300.000,00 €
Unfertige Erzeugnisse	10.000,00 €	10.000,00 €			
Forderungen	30.000,00 €	10.000,00 €			
Bank	90.000,00 €	20.000,00 €			
Bilanzsumme	440.000,00 €	1.130.000,00 €	**Bilanzsumme**	440.000,00 €	1.130.000,00 €

GuV-Rechnung zum 31.12. im Jahr 0

	Jahr 0	Jahr 1 (PLAN)		Jahr 0	Jahr 1 (Plan)
Personalaufwand	400.000,00 €	600.000,00 €	Umsatzerlöse	850.000,00 €	1.050.000,00 €
Abschreibungen	10.000,00 €	90.000,00 €			
Zinsaufwand	20.000,00 €	70.000,00 €			
Mietaufwand	40.000,00 €	50.000,00 €			
Gewinn	380.000,00 €	240.000,00 €			
	850.000,00 €	**1.050.000,00 €**		**850.000,00 €**	**1.050.000,00 €**

a) Erstellen Sie zu den hier gemachten Angaben eine Bewegungsbilanz! **(12 Punkte)**

b) Erläutern Sie die Auswirkungen der Veränderungen in der Bilanz sowie in der Gewinn- und Verlustrechnung auf den betrieblichen Planungs- und Entscheidungsprozess. **(8 Punkte)**

Prüfungsähnliche Aufgabe 4: **Controlling**

Derzeit sind Sie als Vertretung im Controlling Ihres Unternehmens tätig.

Folgende aufbereitete Zahlen für das erste Quartal des Jahres werden Ihnen für eine warenwirtschaftliche Analyse zur Verfügung gestellt:

PLANWERTE	
Umsatz (netto)	145.000,00 €
Handelsspanne	45,50%
Umsatzrendite	10%
Anfangsbestand	12.800,00 €
Lagerabbau	100,00 €

SOLLWERTE	
Umsatz (netto)	143.000,00 €
Wareneinsatz	74.360,00 €
Gemeinkosten	54.654,60 €
Lagerabbau	1.100,00 €

a) Vergleichen Sie hierbei die Plangrößen mit den Istgrößen und bewerten Sie das Ergebnis:

1. Lagerumschlag (diesen auf eine Stelle nach dem Komma runden),
2. Handelsspanne,
3. Handlungskosten und Handlungskostenzuschlagssatz,
4. Gewinn in Euro,
5. Umsatzrendite,

Verwenden Sie für die Berechnung die folgende Tabelle:

	PLAN		IST
Umsatz		145.000,00 €	143.000,00 €
abzgl. Handelsspanne	45,50%	65.975,00 €	
Summe des Wareneinsatzes		**79.025,00 €**	**74.360,00 €**
Wareneinsatz		**79.025,00 €**	**74.360,00 €**
Handlungskosten	65,14%	51.475,00 €	
Selbstkosten		130.500,00 €	
Gewinn		**14.500,00 €**	**13.985,40 €**
Umsatz		145.000,00 €	143.000,00 €
Umsatzrendite	10%		
Durchschnittlicher Lagerbestand			
Wareneinsatz			

(10 Punkte)

b) Schlagen Sie ebenso noch zwei Maßnahmen vor, mit denen von Ihnen negativ bewertete Kennziffern verbessert werden können. **(6 Punkte, 3 Punkte je Maßnahme)**

Prüfungsähnliche Aufgabe 5: **Auswertung betrieblicher Statistiken**

Sie sollen an der Vorbereitung und Auswertung der betrieblichen Statistiken für einen Betriebsvergleich mitwirken. Die Berechnung und Aussagekraft wichtiger Kennzahlen verdeutlichen Sie dabei in einer Präsentation.

a) Unterscheiden Sie

- **Rentabilität** und
- **Produktivität**

anhand je einer Kennzahl.

(6 Punkte)

b) Beschreiben Sie ebenso, worüber

- **Rentabilitätskennziffern** und
- **Produktivitätskennziffern**

jeweils Informationen liefern. **(2 Punkte)**

c) Wählen Sie einen betriebswirtschaftlichen Produktionsfaktor aus und beschreiben Sie dessen Bedeutung für ein Unternehmen. Berücksichtigen Sie dabei, wie die Ergebnisse durch einen Betriebsvergleich bewertet werden können. **(4 Punkte)**

Prüfungsähnliche Aufgabe 6: **Controlling im Berichtswesen**

Die Geschäftsführung der MEGABAU GmbH möchte für ihre Bauvorhaben den tatsächlich entstandenen Einsatz an Zeit, Maschinen, Personal und Material möglichst zeitnah registrieren können.

Um Abweichungen zwischen dem kalkulierten und dem tatsächlichen zeitlichen Aufwand feststellen zu können, soll die Datenerfassung ab sofort direkt an den Baustellen vorgenommen werden.

In der Diskussion stehen die beiden nachfolgend genannten organisatorischen Verfahren

Verfahren 1	Es werden Formblätter entwickelt, die in ausreichender Zahl an der Baustelle und zur Verfügung stehen und sofort, spätestens jedoch bei Arbeitsende, auszufüllen sind. Für die Rückgabe der ausgefüllten Formblätter in die Verwaltung wird eine Regelung geschaffen.
Verfahren 2	Es werden mobile Datenerfassungsgeräte mit der erforderlichen Software angeschafft. Regelungen zur Verfügbarkeit der Geräte an den Baustellen und deren Rückgabe an die Verwaltung zur Auswertung werden geschaffen.

Nennen Sie in präsentationsfähiger Form je drei Vor- und drei Nachteile des Verfahrens 1 und des Verfahrens 2.

(10 Punkte)

Multiple-Choice-Fragen zur Wiederholung

F1) Was genau ist der häufigste und wohl bedeutendste Grund für eine zusätzliche internationale Rechnungslegung nach IFRS?

a) ☐ Die Nachvollziehbarkeit für Steuerbehörden weltweit

b) ☐ Die internationale Vergleichbarkeit der Rechnungslegung für Investoren

c) ☐ Die internationale Wettbewerbsfähigkeit des Geschäftsmodells

d) ☐ Die strategische Betrachtung der Finanzen für Stakeholder

F2) Welchem Zweck dient die Kapitalflussrechnung?

a) ☐ Sie dient als verfeinerter Bewegungsbilanz der dynamischen Liquiditätsanalyse

b) ☐ Sie dient als Strukturbilanz der steuerlichen Betrachtung

c) ☐ Sie dient als Strukturbilanz der umweltpolitischen Betrachtung

d) ☐ Sie dient als verfeinerter Bewegungsbilanz der statischen Liquiditätsanalyse

F3) Welche der folgenden Beschreibungen trifft als Erklärung für Kennzahlen zu?

a) ☐ Kennzahlen sind Sachverhalte aus der laufenden Geschäftstätigkeit

b) ☐ Kennzahlen sind im Berichtswesen qualitative Größen für die Umsatzermittlung

c) ☐ Kennzahlen sind quantitative Größen über bestimmte Sachverhalte

d) ☐ Kennzahlen sind Messinstrumente für betriebliche Erträge

F4) In welche grundsätzliche Arten kann man Kennzahlen voneinander unterscheiden?
Hinweis*: Mehrere Antworten sind hier möglich!*

a) ☐ Fixe und variable Kennzahlen

b) ☐ Quantitative und qualitative Kennzahlen

c) ☐ Kennzahlen nach Bestandsmasse und Kennzahlen nach Bewegungsmasse

d) ☐ Kennzahlen nach volkswirtschaftlichen oder absatzpolitischen Faktoren

F5) Welche der folgenden Beschreibungen trifft am ehesten auf eine Strukturbilanz zu?

a) ☐ Eine Bilanz, welche Bewegungen und wesentliche Verschiebungen aufzeigt

b) ☐ Umgangssprachlich als Bilanzart bezeichnet, jedoch handelt es sich um einen erweiterten Anhang

c) ☐ Eine aufbereitete Bilanz mit einer vereinfachten Grundstruktur.

d) ☐ Eine Gegenüberstellung von Anfangs- und Endbilanz.

F6) Welche der folgenden Begriffe können den Maßnahmen einer Bilanzaufbereitung zugeordnet werden?
***Hinweis**: Mehrere Antworten sind hier möglich!*

a) ☐ Umgliederung

b) ☐ Umbenennung

c) ☐ Konvertierung

d) ☐ Umbewertung

F7) Welche Eigenschaft hat eine finanzwirtschaftliche Strukturbilanz?

a) ☐ Immaterielle Vermögensgegenstände fließen in solch eine Bilanz nicht mit ein

b) ☐ Es erfolgt hierbei eine fristenmäßige Ordnung von Aktiva und Passiva

c) ☐ Es erfolgt eine Verschmelzung von Aktiva und Passiva

d) ☐ Lizenzen und Patente werden nur als Prozentwert unter der Aktiva angegeben

F8) Zwischen welchen der folgenden Arten von Kennzahlen unterscheidet man grundsätzlich?

a) ☐ Zwischen absoluten Zahlen und Bewegungszahlen

b) ☐ Zwischen Bestandszahlen und Bewegungszahlen

c) ☐ Zwischen absoluten Zahlen und Verhältniszahlen

d) ☐ Zwischen Bestandszahlen und Verhältniszahlen

F9) Welche der folgenden genannten Begriffe können zu den Kennzahlen der Vermögenslage hinzugezählt werden?
***Hinweis**: Mehrere Antworten sind hier möglich!*

a) ☐ Die Umlaufintensität

b) ☐ Die Personalintensität

c) ☐ Die Abschreibungsintensität

d) ☐ Die Umschlagshäufigkeit

F10) In welchen der folgend genannten Fällen, steigt der ROI?
***Hinweis**: Mehrere Antworten sind hier möglich!*

a) ☐ ...wenn die Umsatzrendite steigt

b) ☐ ...wenn der Kapitalumschlag steigt

c) ☐ ...wenn der Gewinn sinkt

d) ☐ ...wenn der Aufwand steigt

F11) Auf welche der folgend genannten Sektoren wird die betriebliche Wertschöpfung verteilt
***Hinweis**: Mehrere Antworten sind hier möglich!*

a) ☐ Arbeitseinkommen und Gemeineinkommen

b) ☐ Erwerbslosenbezüge und Subventionen

c) ☐ Wettbewerbereinkommen und Marktanteil

d) ☐ Fremdkapitaleinkommen und Unternehmenseinkommen

F12) Welche Aussage hat die Kennzahl der Materialintensität?

a) ☐ ...sie zeigt den prozentualen Anteil des Abschreibungsaufwands

b) ☐ ...sie zeugt den prozentualen Anteil des Personalaufwands

c) ☐ ...sie zeigt den prozentualen Anteil des Materialaufwands gegenüber der Fremdkapitalzinsen

d) ☐ ...sie zeigt den prozentualen Anteil des Materialaufwands gegenüber dem Gesamtaufwand

7. Organisations- und Führungsaufgaben

VERSTÄNDNISAUFGABEN

Nr.	Aufgabe	Seite	Verstanden	Nicht verstanden
1	**Organisationsentwicklung**	109		
2	**Organigramme**	109		
3	**Zielarten und Zielsysteme**	111		
4	**Controlling und Planung**	111		

PRÜFUNGSBLOCK 1

Nr.	Aufgabe	Seite	a) SOLL	a) IST	b) SOLL	b) IST	c) SOLL	c) IST	d) SOLL	d) IST	GESAMT	MINUTEN
1	**Organisatorische Veränderungen**	112	9		12							
2	**Nutzwertanalyse**	112	10		5		5					
3	**MIS**	113	10		4		4					**120**
4	**Marktsegmentierung**	113	10		6							
5	**Szenarioanalyse & Erfahrungskurve**	114	15		10							

Ihre ermittelte Gesamtpunkteanzahl für diese Prüfungsblock

Verständnisaufgabe 1: **Organisationsentwicklung**

Unter einer Organisation versteht man ein System, welches ein Unternehmen dauerhaft regelt. Ebenso stellt das Unternehmen auch selbst eine Organisation dar. Um ein Unternehmen und somit sein System zu gestalten, ist die Organisationsentwicklung ein wichtiger Prozess.

a) Nennen Sie mindestens vier wesentliche Ziele der Organisationsentwicklung.

b) Welche Gründe kann es in einem Unternehmen grundsätzlich geben, dass Veränderungen in der Organisation erfolgen. Unterscheiden Sie hierbei zwischen externen und internen Gründen und nennen Sie jeweils 2 Beispiele.

Verständnisaufgabe 2: **Organigramme**

Das Rohstoffunternehmen GS+M AG (Gold, Silber und Metallwaren Aktiengesellschaft) ist schon immer nach den Sparten der drei Rohstoffarten Gold, Silber und Metallen unterteilt. Derzeit wird über eine neue Organisation für das Unternehmen nachgedacht. Ihnen werden drei mögliche Organigramme aufgezeigt. Bestimmen Sie je Abbildung, um welches Organigramm es sich jeweils handelt und nennen Sie auch die Vor- und Nachteile des jeweiligen Organigramms und dessen Organisationsart.

Abbildung **a**: **ERSTES ORGANIGRAMM**)

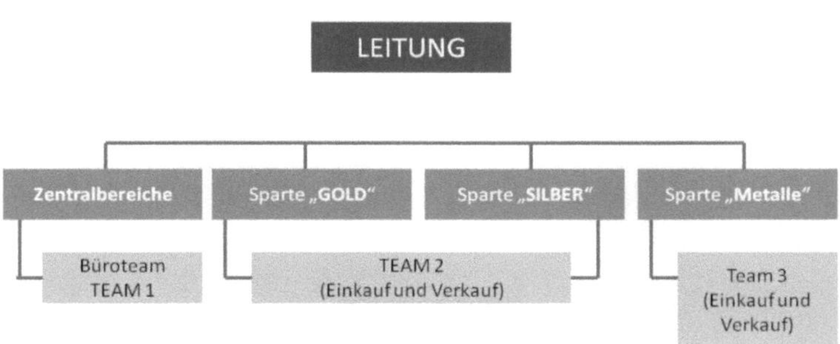

Beschreibung:

Abbildung **b**: **ZWEITES ORGANIGRAMM**)

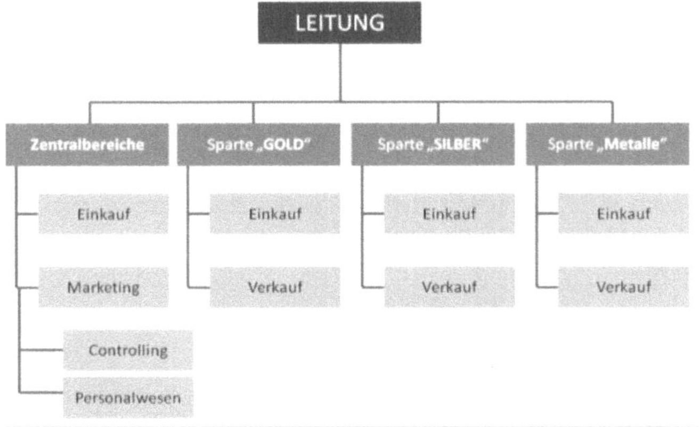

Beschreibung:

Abbildung **c**: **DRITTES ORGANIGRAMM**)

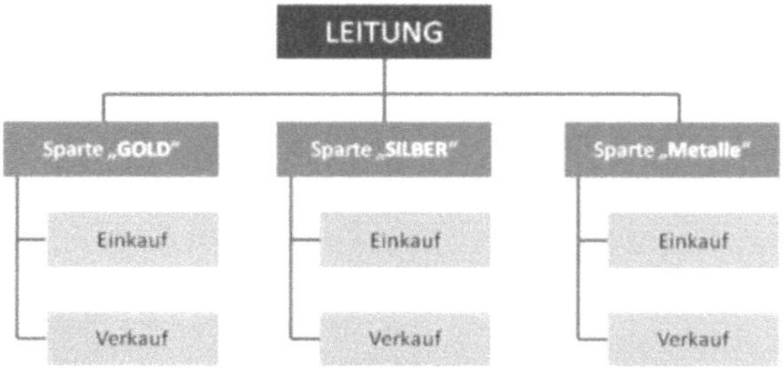

Beschreibung:

Verständnisaufgabe 3: **Zielarten und Zielsysteme**

Neben Ihrer Tätigkeit als Bilanzbuchhalter sollen Sie seit neuestem auch im Management bei der Strategischen Zielfindung mithelfen. Solche Strategie-meetings sind für die Zukunft des Unternehmens sehr wichtig.

Man kommt bei einem solchen Meeting zu dem Entschluss, dass die zwei wichtigsten Ziele für das Unternehmen zum einen das Anstreben der Marktführerschaft und zum anderen die Erhöhung der Rentabilität sind.

a) Nennen Sie für diese zwei genannten Ziele jeweils drei mögliche Unterziele.

b) Wozu sind solche sogenannten Unterziele sinnvoll?

Verständnisaufgabe 4: **Controlling und Planung**

Sie sind bei der Full Automatic GmbH neu eingestellt worden und sind dort für die Unternehmensplanung zuständig.

a) Nennen Sie vier Anforderungen, welche an das Controlling in Zusammenhang mit der Planung gestellt werden.

b) Im Controlling werden verschiedene Planungsebenen unterschieden.
Grenzen Sie

- die strategische Planung von
- der operativen Planung

mithilfe von zwei Unterscheidungsmerkmalen ab.

c) Die Realisierung geplanter Aktivitäten bedarf der Kontrolle. Diese kann während oder nach der Durchführung erfolgen. Begründen Sie an einem frei gewählten Beispiel, warum Kontrollen während der Umsetzung der Planung sinnvoll sind.

Prüfungsähnliche Aufgabe 1: **Organisatorische Veränderungen**

In der Aurelis AG müssen erhebliche organisatorische und personelle Veränderungen vorgenommen werden, welche bei der Festlegung der jährlichen Personalziele berücksichtigt werden sollen.

a) Beschreiben Sie, bezogen auf die Ausgangssituation, für die folgenden drei Zielbereiche je ein sinnvolles Ziel:

- Optimierung des Personaleinsatzes,
- Nutzung der Kreativität der Mitarbeiter,
- soziale und humanitäre Ziele.

(9 Punkte; 3 Punkte je Zielbereich)

b) Nennen Sie vier Hilfsmittel, welche bei der Ausarbeitung strategischer Unternehmensziele genutzt werden können. **(12 Punkte; 3 Punkte je Hilfsmittel)**

Prüfungsähnliche Aufgabe 2: **Nutzwertanalyse**

Die Personalabteilung Ihres Unternehmens beabsichtigt, die Nutzwertanalyse für zukünftige Personalentscheidungen zu verwenden. In naher Zukunft stehen verschiedene Neubesetzungen von Führungspositionen an. Insbesondere die für das Unternehmen wichtige Position des Finanzmanagers soll neu besetzt werden.

a) Erstellen Sie eine Nutzwertanalyse zur Entscheidungsvorbereitung zwischen möglichen Bewerbern um die Position des Finanzmanagers.
(10 Punkte)

b) Erläutern Sie den Zweck einer Nutzwertanalyse sowie die Vorgehensweise bei der Konstruktion.
(5 Punkte)

c) Welche Rolle kann eine Sensitivitätsanalyse bei einer Nutzwertanalyse spielen?
(5 Punkte)

Prüfungsähnliche Aufgabe 3: **MIS**

Führungskräfte müssen im Unternehmensalltag wichtige Entscheidungen treffen. Aus diesem Grund sind Informationen als Entscheidungsgrundlage enorm wichtig im Management. Ein Management-Informationssystem (abgekürzt: MIS) schafft dabei Abhilfe und hilft als computergestütztes Informationssystem.

a) Erläutern Sie, für welche Aufgaben das MIS generell als System im Unternehmen geeignet ist. **(10 Punkte)**

b) Nennen Sie vier Anforderungen an ein MIS-System im Unternehmen. **(4 Punkte)**

c) Nenne Sie vier Aufgaben eines MIS aus der Sicht des Anwenders. **(4 Punkte)**

Prüfungsähnliche Aufgabe 4: **Marktsegmentierung**

Die Besucherzahlen des Heilbronner Stadttheaters sanken in den letzten zwei Jahren kontinuierlich. Um eine kostendeckende Finanzierung des Theaterbetriebs auch langfristig sichern zu können, soll nun das Programm zukünftig zielgruppengerecht gestaltet werden. Derzeit beinhaltet das Angebot dieses privat finanzierten Theaterbetriebes Aufführungen aus den Bereichen „Schauspiel", „Oper" und „Musical".

Als Marketingberater erhalten Sie nun den Auftrag, homogene Zielgruppen von Theaterbesuchern zu entwickeln.

a) Erläutern Sie dem Geschäftsführer des Heilbronner Stadttheaters die Vorteile einer Marktsegmentierung. **(10 Punkte)**

b) Welche Segmentierungskriterien würden Sie zur Zielgruppenbildung von Theaterbesuchern einsetzen? **(6 Punkte)**

Prüfungsähnliche Aufgabe 5: **Szenarioanalyse & Erfahrungskurve**

Sie sind in einem mittelständischen Unternehmen als strategischer Controller tätig. Das Unternehmen hat sich auf digital gesteuerte Gasanlagen spezialisiert und gilt als Hersteller und als Vertriebsunternehmen dieser Produkte. In den vergangenen 5 Jahren waren die Auftragsschwankungen aufgrund unterschiedlicher äußerer Einflussfaktoren sehr hoch (Förderpolitik, Markteintritt großer energienaher Unternehmen usw.).

a) Erläutern Sie, wie sich hier die Erfahrungskurve verändert, wenn die Zahl der produzierten Gasanlagen aufgrund von Auftragsschwankungen zurückgeht. Die nachfolgend abgebildete Erfahrungskurve zeigt den Zustand mit einem hohen Auftragsbestand: **(15 Punkte)**

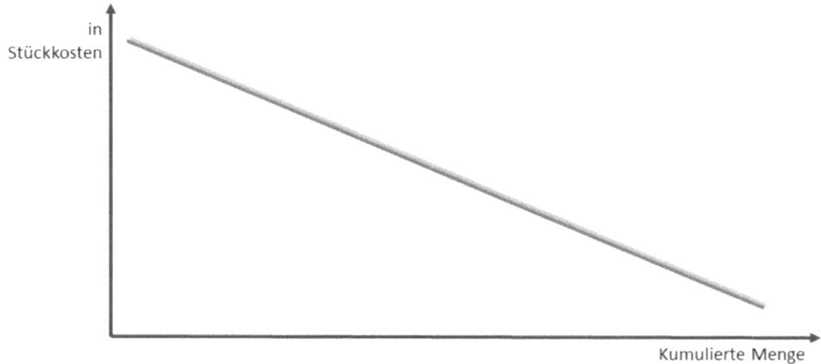

b) Aufgrund der Auftragsschwankungen können Sie die zukünftige Umsatzentwicklung nur anhand einer Szenarioanalyse einschätzen. Zeigen Sie mit dem Instrument der Szenarioanalyse den Zusammenhang zwischen den strategischen Veränderungen und der operativen Planung auf. **(10 Punkte)**

IV. Lösungen

Lösung zu Verständnisaufgabe 1:

Rechnerisch:

Plankostenverrechnungssatz = $\frac{Plankosten}{Planbeschäftigung} = \frac{50.000\ Euro}{5.000\ Stunden}$ = 10 Euro je Stunde

Verrechnete Plankosten = 4.000 Stunden * 10 Euro je Stunde = 40.000 Euro

Abweichung = IST-Kosten – verrechnete Plankosten
Abweichung = 30.000 Euro – 40.000 Euro = **-10.000 Euro**

Hinweis: Die Formel finden Sie hierzu in der Formelsammlung der IHK auf der Seite 36!

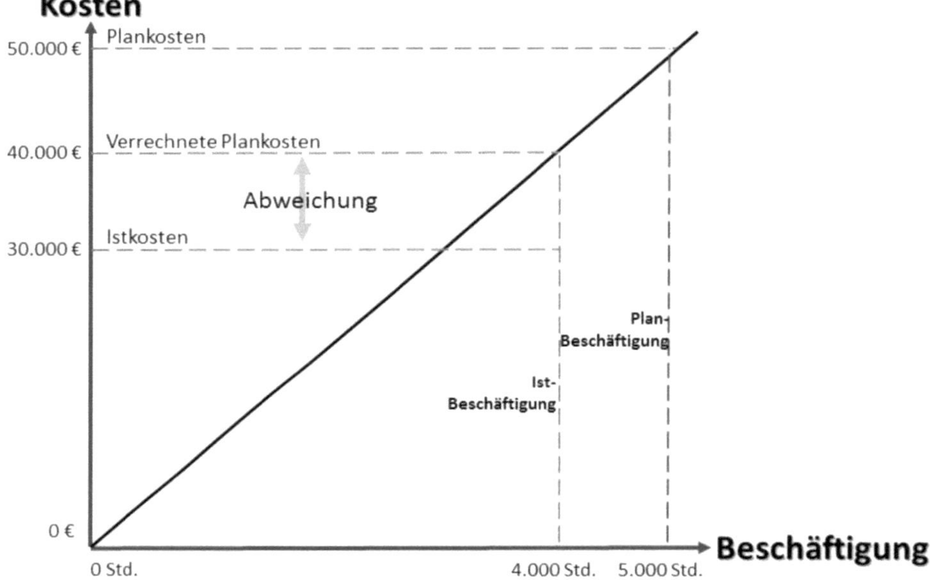

Lösung zu Verständnisaufgabe 2:

Rechnerische Lösung

Hinweis: Sämtliche Formeln zu dieser Aufgabe finden Sie in der IHK-Formelsammlung auf Seite 36/37

Proportionaler Plankostenverrechnungssatz = $\frac{Proportionale\ Plankosten}{Planbeschäftigung}$

Proportionaler Plankostenverrechnungssatz = $\frac{200.000\ Euro}{10.000\ Stunden}$ = 20 Euro je Stunde

Fixer Plankostenverrechnungssatz = $\frac{Fixe\ Plankosten}{Planbeschäftigung}$

Fixer Plankostenverrechnungssatz = $\frac{100.000\ Euro}{10.000\ Stunden}$ = 10 Euro je Stunde

Plankostenverrechnungssatz = Prop. Plankostenverrechnungssatz + Fixer Plankostenverrechnungssatz

Plankostenverrechnungssatz = 20 Euro je Stunde + 10 Euro je Stunde = 30 Euro je Stunde

Plankostenverrechnungssatz = $\frac{Plankosten}{Planbeschäftigung}$ = 30 Euro je Stunde

Plankostenverrechnungssatz = $\frac{300.000\ Euro}{10.000\ Stunden}$ = 30 Euro je Stunde

Verrechnete Plankosten = Ist-Beschäftigung * Plankostenverrechnungssatz
Verrechnete Plankosten = 9.000 Stunden * 30 Euro je Stunde = 270.000 Euro

Verrechnete Plankosten = Plankosten * Beschäftigungsgrad
Verrechnete Plankosten = 300.000 Euro * 90 : 100 = 270.000 Euro

Sollkosten = Fixe Plankosten + Prop. Plankostenverrechnungssatz * Ist-Beschäftigung
Sollkosten = 100.000 Euro + 20 Euro je Stunde * 9.000 Stunden = 280.000 Euro

Sollkosten = Fixe Plankosten + Prop. Plankosten * Beschäftigungsgrad
Sollkosten = 100.000 Euro + 200.000 Euro * 90 : 100 = 280.000 Euro

Beschäftigungsabweichung = Sollkosten – Verrechnete Plankosten
Beschäftigungsabweichung = 280.000 Euro – 270.000 Euro = **-10.000 Euro**

Verbrauchsabweichung = Istkosten – Sollkosten
Verbrauchsabweichung = 250.000 Euro – 280.000 Euro = **-30.000 Euro**

Gesamtabweichung = Istkosten – Verrechnete Plankosten
Gesamtabweichung = 250.000 Euro – 270.000 Euro = **-20.000 Euro**

Lösung zu Verständnisaufgabe 3:

	Handtaschen	Schmuck	Schuhe	GESAMT
Verkaufserlöse	96.000,00 €	85.000,00 €	100.000,00 €	281.000,00 €
- variable Einzelkosten	45.221,00 €	22.580,00 €	40.750,00 €	108.551,00 €
- variable Gemeinkosten	13.800,00 €	13.800,00 €	13.800,00 €	41.400,00 €
= Deckungsbeitrag	36.979,00 €	48.620,00 €	45.450,00 €	131.049,00 €
- fixe Kosten				58.050,00 €
= Betriebsergebnis				72.999,00 €

Variable Einzelkosten und variable Gemeinkosten werden zu „variablen Kosten" zusammengezählt.

Lösung zu Verständnisaufgabe 4:

Lösung zu **a)**

Kostenstelle	Material	Fertigung	Montage	Verwaltung	Vertrieb
Istgemeinkosten	58.800,00 €	166.600,00 €	159.500,00 €	125.646,00 €	81.816,00 €
Istzuschlagsgrundlage	350.000,00 €	40.000,00 €	58.000,00 €	730.500,00 €	730.500,00 €
Istzuschlagssatz	16,80%	416,50%	275%	17,20%	11,2
Normalzuschlagssatz	15%	420%	270%	16,50%	12%
Normalzuschlagsbasis	350.000,00 €	40.000,00 €	58.000,00 €	722.700,00 €	86.724,00 €
Normalgemeinkosten	52.500,00 €	168.000,00 €	156.600,00 €	119.245,50 €	86.724,00 €
Über- / Unterdeckung	- 6.300,00 €	**1.400,00 €**	- 2.900,00 €	- 6.400,50 €	**4.908,00 €**

Lösung zu **b)**

Betriebsergebnis = 828.000 Euro – 937.962 Euro = - 109.962 Euro
Umsatzergebnis = 828.000 Euro – 928.669,50 Euro = - 100.669,50 Euro

oder

Erlöse - Normalkosten = Umsatzergebnis + Unter-/Überdeckung (Gesamt) = Betriebsergebnis

Lösung zu Verständnisaufgabe 5:

$120\ q_1 = 105.00 + 15q_2 + 10q_3$
$80q_2 = 2.450 + 45q_1 + 8q_3$
$35q_3 = 6.500 + 30q_2 + 20q_1$

$120q_1 - 10.500 = 15q_2 + 10q_3$
$80q_2 - 2.450 = 45q_1 + 8q_3$
$35q_3 - 6.500 = 30q_2 + 20q_1$

$-10.500 = -120q_1 + 15q_2 + 10q_3$
$-2.450 = 45q_1 - 80q_2 + 8q_3$
$-6.500 = 20q_1 + 30q_2 - 35q_3$

Lösung zu Verständnisaufgabe 6:

Lösung zu **a)**

Materialeinzelkosten	
■ Fläche netto in Quadratmetern	500
■ Fläche inkl. Ausschuss/Verschnitt in Quadratmetern	520
■ Fertigungsmaterial GESAMT	26.000,00 €
Lohneinzelkosten	6.000,00 €
Einzelkosten GESAMT	32.000,00 €
Gemeinkosten 25%	8.000,00 €
Selbstkosten	40.000,00 €
Gewinnzuschlag 10%	4.000,00 €
Angebotspreis	**44.000,00 €**

Lösung zu **b)**

Istkosten zu Istpreisen	27.955,20 €	Preisdelta	2,00 €	537,60 x 2
- Istkosten zu Planpreisen	26.880,00 €	Istverbrauch in m²	537,6	
= Preisabweichung	**1.075,20 €**		**1.075,20 €**	
Istkosten zu Planpreisen	26.880,00 €	Planpreis	50,00 €	50 x 17,6
- Sollkosten	26.000,00 €	Mengendelta in m²	17,60 €	
= Verbrauchsabweichung	**880,00 €**		**880,00 €**	
Gesamtabweichung	**1.955,20 €**			

Die Materialeinzelkosten werden gegenüber der Vorkalkulation um fast 2.000 Euro überschritten. Dies ist verursacht durch höhere Einkaufspreise für die Betonsteinplatten (2 Euro je m^2) sowie durch einen höheren Verbrauch an Platten (17,6 m^2 Mehrverbrauch).

Lösung zu **c)**

Istkosten zu Istpreisen	6.050,00 €	Preisdelta	-	2,50 €
- Istkosten zu Planpreisen	6.600,00 €	Istverbrauch in m²		220
= Preisabweichung	- **550,00 €**		-	**550,00 €**

Istkosten zu Planpreisen	6.600,00 €	Planpreis	30,00 €
- Sollkosten	6.000,00 €	Mengendelta in m²	20,00 €
= Verbrauchsabweichung	**600,00 €**		**600,00 €**

Gesamtabweichung	**50,00 €**

Die Lohneinzelkosten weichen nur geringfügig von der Vorplanung ab. Günstig wirkt sich die Preisabweichung aus, da mit einem um 2,50 Euro höheren Lohnstundensatz geplant wurde als im IST angefallen sind. Ungünstig sind hingegen der Mehrverbrauch von 20 Stunden, der die Preisabweichung leicht überkompensiert.

Lösung zu Verständnisaufgabe 7:

Lösung zu **a)**

Stückpreis $p = 600 - 10\%\ Rabatt = 540$

$$540 - 2\%\ Skonto = 529{,}20\ Euro$$

$$K_V = 221.210 - 60.000 = 161.210\ Euro$$

$$K_V = \frac{161.210}{(70\%\ von\ 700)} = 329\ Euro$$

$$K_f = 60.000\ Euro, db = 529{,}20\ Euro - 329\ Euro = 200{,}20\ Euro$$

$$x = \frac{60.000}{200{,}20} = 300\ St. Gewinnschwelle\ (aufgerundet)$$

Lösung zu **b)**

$$\frac{(60.000\ Fixe\ Kosten + 20.000\ Euro\ Gewinn)}{200{,}20\ db} = mind. 400\ Stk. (aufgerundet)$$

Lösung zu Verständnisaufgabe 8:

Lösung zu **a)**

	Export	Lemon	Weizen	Klassik	GESAMT
Einkauf					
Menge	3.000	1.000	2.500	5.000	
Veranstaltungen	40	40	40	40	
Becher in Stück	120.000	40.000	100.000	200.000	460.000
Liter ausgeschenkt	60.000	20.000	50.000	100.000	
benötigte Liter (1% Verlust)	60.606	20.202	50.505	101.010	
abgerundet	60.606	20.202	50.505	101.010	
Einkaufspreis je Liter	0,70 €	0,65 €	0,75 €	0,20 €	
Einkaufspreis GESAMT	42.424,20 €	13.131,30 €	37.878,75 €	20.202,00 €	113.636,25 €
Verkauf je Becher	1,10 €	1,00 €	1,30 €	0,80 €	
Erlöse	132.000,00 €	40.000,00 €	130.000,00 €	160.000,00 €	462.000,00 €
DB/Rohergebnis	89.575,80 €	26.868,70 €	92.121,25 €	139.798,00 €	348.363,75 €
sonstige Kosten					
kalkulatorische AfA der Ablöse	500.000,00 €	auf fünf Jahre			100.000,00 €
kalkulatorische AfA der Übernahme	50.000,00 €	auf fünf Jahre			10.000,00 €
kalkulatorische Zinsen	$\frac{550.000}{2} * 10\%$				27.500,00 €
Miete	5.000 € * 12				60.000,00 €
Lohnkosten	500 € * 40				20.000,00 €
Becher	460.000 * 0,05 €				23.000,00 €
sonstige Kosten					100.000,00 €
Betriebsergebnis					7.863,75 €

Lösung zu **b)**

Zahlungsüberschüsse	1. Jahr	2. Jahr	3. Jahr	4. Jahr	5. Jahr
Wareneingang	113.636,25 €	113.636,25 €	119.318,06 €	125.283,96 €	131.548,16 €
Kostensteigerung		5.681,81 €	5.965,90 €	6.264,20 €	6.577,41 €
Zwischensumme	113.636,25 €	119.318,06 €	125.283,96 €	131.548,16 €	138.125,57 €
sonstige auszahlungsbedingte Kosten	183.000,00 €	183.000,00 €	183.000,00 €	183.000,00 €	183.000,00 €
Auszahlungen	296.636,25 €	302.318,06 €	308.283,96 €	314.548,16 €	321.125,57 €
Einzahlungen	462.000,00 €	462.000,00 €	462.000,00 €	462.000,00 €	462.000,00 €
Überschüsse	165.363,75 €	159.681,94 €	153.716,04 €	147.451,84 €	140.874,43 €

$$C_0 = -550.000 + \frac{165.363,75}{1,1} + \frac{159.681,94}{1,1^2} + \frac{153.716,04}{1,1^3} + \frac{147.451,84}{1,1^4} + \frac{140.874,43}{1,1^5} = 35.971,88\text{ €}$$

Da der Kapitalwert positiv ist, lohnt sich die Investition.

Lösung zu Verständnisaufgabe 9:

Lösung zu **a)**

Einzahlung, nicht Einnahme:

- Die Aufnahme eines Bankkredits mit Barauszahlung,
- Kundenzahlung für Erzeugnisse, welche erst im Folgejahr geliefert werden sollen.

Einzahlung und auch Einnahme:

- Verkauf von Waren gegen Barzahlung,
- Bareinlage eines Gesellschafters

Einnahme, nicht Einzahlung:

- Verkauf von fertigen Erzeugnissen auf Ziel,
- Lieferung von Erzeugnissen an einen Kunden, der diese bereits in der Vorperiode bezahlt hatte.

Lösung zu **b)**

Auszahlung, nicht Ausgabe:

- Tilgung eines Kredits durch eine sofortige Überweisung vom Bankkonto,
- Bezahlung einer bereits in der Vorperiode erhaltenen Rohstofflieferung.

Auszahlung und auch Ausgabe:

- Kauf von Waren gegen Barzahlung,
- Barentnahme eines Gesellschafters.

Ausgabe, nicht Auszahlung:

- Kauf von Waren oder Rohstoffen auf Ziel,
- Lieferung von bereits im Vorjahr bezahlten Rohstoffen.

Lösung zu **c)**

Einzahlung, nicht Ertrag:

- Barverkauf eines Grundstücks,
- Barverkauf einer Sache von der Betriebs- und Geschäftsausstattung zum Buchwert.

Einzahlung und auch Ertrag:

- Steuerrückerstattung,
- Zinseinnahmen

Ertrag, nicht Einzahlung:

- Produktion von Fertigerzeugnissen aus Lager,
- Produktion von Fertigerzeugnissen, welche bereits in der Vorperiode vom Kunden bezahlt wurden.

Lösung zu **d)**

Auszahlung, nicht Aufwand:

- Tilgung eines Kredits durch Überweisung vom Bankkonto,
- Kauf eines Grundstücks gegen Banküberweisung.

Auszahlung und auch Aufwand:

- Sofortiger Verbrauch von in der Periode beschafften und bar bezahlten Rohstoffen,
- Zahlung von Zinsen an die Hausbank.

Aufwand, nicht Auszahlung:

- Abschreibung einer im Vorjahr bar bezahlten Maschine,
- Abschreibung von im Wert dauerhaft gefallenen Wertpapieren des Anlagevermögens auf den niedrigen Wert.

Lösung zu Prüfungsähnlicher Aufgabe 1:

Lösung zu **a)**

Zuallererst müssen die Sollkosten berechnet werden. Da eine Planbeschäftigung von 10.000 Stück geplant ist und die bereits **verrechneten Plangemeinkosten** 100 Euro je Stück betragen, können diese hier recht einfach errechnet werden:

$$1.000\ Stück * 100\ Euro = 100.000\ Euro$$

$$Istbeschäftigung = \frac{(Sollkosten - fixe\ Plangemeinkosten) * Planbeschäftigung}{variable\ Plangemeinkosten}$$

Hinweis: Diese Formel bzw. Berechnung sollten Sie sich merken, denn sie kommt so nicht in der IHK-Formelsammlung vor. Details zur Plankostenrechnung finden Sie dort auf Seite 36 und 37.

$$Istbeschäftigung = \frac{(100.000\ Euro - 50.000\ Euro) * 1.000\ Stück}{80.000\ Euro} = 625\ Stück$$

Die Istbeschäftigung beträgt 625 Stück.

Lösung zu **b)**

Zuerst sollten die Istkosten berechnet werden. Da die Istbeschäftigung nur 625 Stück statt der geplanten 1.000 Stück beträgt, wird man hier nun auf Istkosten von 62.500 Euro kommen.

$$Verbrauchsabweichung = Sollkosten - Istkosten$$
$$Verbrauchsabweichung = 100.000\ Euro - 62.500\ Euro = 37.500\ Euro$$

Hinweis: Die Formel der Verbrauchsabweichung wird in der IHK-Formelsammlung auf Seite 37 gezeigt.

Die Sollkosten sind hierbei größer als die Istkosten. Die Folgen bzgl. der betrieblichen Planung bestehen darin, das Unternehmen auf Effizienz in der Produktion hin zu untersuchen. Schließlich wurden hierbei die Produktionskapazitäten nicht voll ausgenutzt.

Lösung zu Prüfungsähnlicher Aufgabe 2:

Lösung zu **a)**

Kostenstelle	Material	Fertigung	Montage	Verwaltung	Vertrieb
Istgemeinkosten	58.800,00 €	166.600,00 €	159.500,00 €	125.646,00 €	81.816,00 €
Istzuschlagsgrundlage	350.000,00 €	40.000,00 €	58.000,00 €	730.500,00 €	730.500,00 €
Istzuschlagssatz	16,80%	416,50%	275%	17,20%	11,2
Normalzuschlagssatz	15%	420%	270%	16,50%	12%
Normalzuschlagsbasis	350.000,00 €	40.000,00 €	58.000,00 €	722.700,00 €	86.724,00 €
Normalgemeinkosten	52.500,00 €	168.000,00 €	156.600,00 €	119.245,50 €	86.724,00 €
Über- / Unterdeckung	- 6.300,00 €	**1.400,00 €**	- 2.900,00 €	- 6.400,50 €	**4.908,00 €**

Lösung zu **b)**

Betriebsergebnis = 828.000 Euro – 937.962 Euro = - 109.962 Euro
Umsatzergebnis = 828.000 Euro – 928.669,50 Euro = - 100.669,50 Euro

oder

Erlöse - Normalkosten = Umsatzergebnis + Unter-/Überdeckung (Gesamt) = Betriebsergebnis

Lösung zu Prüfungsähnlicher Aufgabe 3:

Kostenart	**Summe Gemeinkosten**	**Material**	**Fertigung**	**Verwaltung**	**Vertrieb**
Gehälter	55.982,00 €	3.600,00 €	12.000,00 €	27.982,00 €	12.400,00 €
Hilfslöhne	13.000,00 €	5.000,00 €	8.000,00 €		
Heizungskosten	4.800,00 €	960,00 €	2.400,00 €	1.120,00 €	320,00 €
Energiekosten	6.500,00 €	1.000,00 €	3.500,00 €	1.500,00 €	500,00 €
Gaskosten	2.800,00 €		2.800,00 €		
Abschreibungen	14.400,00 €	1.680,00 €	9.600,00 €	2.400,00 €	720,00 €
sonstige Gemeinkosten	25.898,00 €	3.560,00 €	11.700,00 €	5.998,00 €	4.640,00 €
Summe Gemeinkosten	123.380,00 €	15.800,00 €	50.000,00 €	39.000,00 €	18.580,00 €
Bezugsbasis / Zuschlagsgrundlage		79.000,00 €	40.000,00 €	184.800,00 €	184.800,00 €
Gemeinkosten-zuschlagssatz		**20%**	**125%**	**21,10%**	**10,05%**

Lösung zu Prüfungsähnlicher Aufgabe 4:

Lösung zu **a)**

	Aktuelle Situation	Auswirkung der Offensive
Gebundenes Kapital	30.000.000,00 € (1)	22.500.000,00 € (2)
Lagerkosten	7.500.000,00 €	5.625.000,00 €

Detailrechnung für das gebundene Kapital:

(1) 1 Mio. € * 20 → 20 Mio. € + 50 % von 1 Mio. € * 20 = 10 Mio. €

(2) 1 Mio. € * 15 → 15 Mio. € + 50 % von 1 Mio. € * 15 = 7,5 Mio. €

Detailrechnung für die Lagerkosten:

25 % von 30.000.000 € = 7.500.000 € (bisher)

25 % von 22.500.000 € = 5.625.000 € (neu)

Verringerte Lagerkosten = 1.875.000 Euro

Die verringerten Lagerkosten sind obsolet und werden gestrichen.

Lösung zu **b)**

- Auftragsspitzen können nicht abgedeckt werden,
- Sicherheitsbestand muss häufiger in Anspruch genommen werden,
- Höhere Bestellhäufigkeit kann zu höheren Beschaffungskosten führen,
- erhöhtes Risiko für Produktionsausfälle bei Zulieferproblemen.

Lösung zu Prüfungsähnlicher Aufgabe 5:

von ▾ an ▸	H-1	H-2	H-3	Summe	Gesamtkosten	davon fix	davon variabel
H-1	50 Stunden	60 Stunden	100 Stunden	210 Stunden	40.000,00 €	20.000,00 €	20.000,00 €
H-2	80 Stunden	20 Stunden	100 Stunden	180 Stunden	40.200,00 €	10.200,00 €	30.000,00 €

↓ Summe: 130 Stunden (H-1) ↓ Summe: 80 Stunden (H-2)

Nach dem Gleichungsverfahren gilt:

Gesamtkosten der Stelle j = primäre und sekundäre Stellenkosten

$$q_j\, b_j = K_j + Summe\; q_k\, b_j$$

b_j = Gesamtleistung der Stelle j
b_{kl} = empfangene Leistung von Stelle k
q_j = Verrechnungssatz

Aus der Tabelle ergeben sich folgende Gleichungssysteme für q_j auf Teilkostenbasis:

210 q1	= 40.000 – 20.000 + 50q1 + 80q2	(1)
200 q2	= 40.200 – 10.200 + 60q1 + 20q2	(2)
160 q1	= 20.000 + 80q2	(1)
180 q2	= 30.000 + 60q1	(2)

aus (1) und (2) folgt: q1 = q2 = 250 Euro

Lösungen zu den Multiple-Choice-Fragen

A1 = b + d

A2 = b + d

A3 = c + d

A4 = c

A5 = b + c

A6 = a + c + d

A7 = d

A8 = c

A9 = c

A10 = b + c

A11 = b

A12 = a

2. Finanzwirtschaftliches Management

Lösung zu Verständnisaufgabe 1:

Fall	Finanzierung
Technische Anlagen werden verkauft und das Geld wird als Eigenkapital behalten	horizontal
Ein Kredit von der Bank wird durch das vorhandene Eigenkapital getilgt bzw. bezahlt	vertikal
Technische Anlagen werden verkauft und das Geld wird auf dem Bankkonto behalten	vertikal
Mit dem vorhandenen Geld auf dem Bankkonto wird ein Kredit bezahlt	horizontal
Technische Anlagen werden mit dem Geld von einem Bankdarlehen bezahlt	horizontal

Lösung zu Verständnisaufgabe 2:

		Finanzierung mit Eigenkapital	Finanzierung mit Fremdkapital	Außen-finanzierung	Innen-finanzierung	Beteiligungs-finanzierung
1	Aufnahme eines neuen Gesellschafters	X				X
2	Einbehalten der Gewinne für Investitionen	X			X	
3	Ein kurzfristiger Kredit wird in einen langfristigen umgewandelt		X	X		
4	Ein zusätzlicher Kredit wird aufgenommen		X	X		
5	Eine Ersatzinvestition wird aus Abschreibungsbeträgen finanziert	X			X	
6	Es werden Pensionsrückstellungen gebildet		X		X	
7	Eine neue Maschine wird mit einem Zahlungsziel von vier Monaten beschafft		X	X		
8	Leasing eines Firmen-LKWs		X	X		
9	Eine alte Maschine wird zur Verbesserung der eigenen Liquidität veräußert	X			X	

Lösung zu Verständnisaufgabe 3:

Lösung zu **a)**

Merkmale von Mezzanine-Kapital sind z.B.:

- zeitliche Befristung des Kapitals,
- Flexibilität bei Gestaltung der Zins- bzw. Gewinnbeteiligung,
- Erträge der Mezzanine-Kapitalgeber sind üblicherweise höher als bei reinen Fremdkapitalgebern,
- Nachrangigkeit im Insolvenzverfahren gegenüber dem Fremdkapital (Im Insolvenzfall würden erst die Fremdkapitalgeber bedient; dann die Mezzanine-Kapitalgeber – und danach erst die Eigenkapitalgeber)

Lösung zu **b)**

Grundsätzlich ist diese Finanzierungsform nur für Unternehmen mit einer soliden Struktur und einem sehr hohen Wachstumskapital geeignet. Mezzanine-Kapital ist risikoreicher als übliches Fremdkapital.

Lösung zu **c)**

Merkmale	**Nachrangdarlehen**	**Typische stille Beteiligung**	**Genussscheine**	**Atypische stille Beteiligung**
Informations- und Zustimmungsrechte	Gläubigerstellung	Vertraglich sowie gesetzliche Info- und Kontrollrechte	Vertragliche Zustimmungs- und Kontrollrechte	Mitunternehmer-stellung. Vertragliche Zustimmungs- und Kontrollrechte
Haftung im Insolvenzfall	Nein	Nein	Nein	Abhängig von der Vertragsgestaltung
Bilanzielles Eigenkapital	Nein	Abhängig von der Vertragsgestaltung	Abhängig von der Vertragsgestaltung	Abhängig von der Vertragsgestaltung
Wirtschaftliches Eigenkapital	Ja	Ja	Ja	Ja
Verlustteilnahme	Nein	Ja, könnte aber vertraglich auch ausgeschlossen werden.	Ja	Ja

Lösung zu Verständnisaufgabe 4:

Vorgeschlagene Lösung bzw. Zuordnung:

	Privatkunden	Vermögende Privatkunden	Firmenkunden	Institutionelle Kunden/Banken
Leistungen aus dem **"Commercial Banking"**	▪ Zahlungsverkehr, ▪ Ratenkredite, ▪ Einfache Immobilien-kredite	▪ Zahlungsverkehr, ▪ Immobilien-kredite, ▪ Termingelder.	▪ Zahlungsverkehr, ▪ Cash-Management ▪ Investitions-kredite, ▪ Konsortialkredite	▪ Clearing, ▪ Geldmarkt-geschäfte, ▪ Termingelder.
Leistungen aus dem **"Investment Banking"**	▪ Sparbriefe, ▪ Investmentfonds.	▪ Vermögens-beratung, ▪ Asset Management, ▪ Wertpapier-geschäfte, ▪ Derivate.	▪ Emissions-geschäft, ▪ Transaktions-strukturierung, ▪ M&A-Geschäft, ▪ Derivate	▪ Asset Management, ▪ Wertpapier-geschäfte, ▪ Derivate, ▪ Geldmarkt-geschäfte

Lösung zu Verständnisaufgabe 5:

■ Beim Ratendarlehen

Jahr	Restschuld am Jahresanfang	Zinsen	Tilgung	Liquiditäts-belastung
1	500.000,00 €	30.000,00 €	125.000,00 €	155.000,00 €
2	375.000,00 €	22.500,00 €	125.000,00 €	147.500,00 €
3	250.000,00 €	15.000,00 €	125.000,00 €	140.000,00 €
4	125.000,00 €	7.500,00 €	125.000,00 €	132.500,00 €
			GESAMT	**575.000,00 €**

■ Beim Leasing

Jahr	Liquiditäts-belastung
1	152.000,00 €
2	152.000,00 €
3	152.000,00 €
Kaufoption	72.000,00 €
GESAMT	**528.000,00 €**

Die Hanzel AG sollte sich für das Leasingangebot entscheiden, weil die gesamte Liquiditätsbelastung um 47.000 Euro geringer ausfällt als beim Kauf und der Finanzierung über ein Ratendarlehen.

Lösung zu Verständnisaufgabe 6:

Lösung zu **a)**

Kapitalwert der Anlage 1 = $-290.000\ Euro + \frac{80.000}{1,1} + \frac{90.000}{1,1^2} + \frac{80.000}{1,1^3} + \frac{75.000}{1,1^4} + \frac{70.000}{1,1^5}$

= 11.903,12 Euro

Annuität der Anlage 1: = 11.903,12 Euro * 0,263797 (i = 10%, n = 5 Jahre) = + 3.140,01 Euro

Kapitalwert der Anlage 2 = + 15.681,39 Euro

Annuität der Anlage 2 = + 4.136,70 Euro

Die Entscheidung würde hierbei auf die Anlage Nr. 2 fallen.

Lösung zu **b)**

Bei der Beurteilung eines einzelnen Investitionsobjekts führt sowohl die Kapitalwertmethode als auch die Annuitätenmethode immer zur gleichen Investitionsentscheidung.

Die Annuitätenmethode baut auf der Kapitalwertmethode auf und wandelt lediglich mithilfe des Kapitalwiedergewinnungsfaktors in gleichbleibende Periodenzahlungen (Annuitäten) um. Ein positiver Kapitalwert führt damit immer zu einer positiven Annuität.

Lösung zu Verständnisaufgabe 7:

Lösung zu **a)**

- mengenmäßiger Verbrauch von Gütern und Dienstleistungen im reinen Handelsgeschäft und im Absatz/Umsatz
- bewertet in Euro, innerhalb einer Abrechnungsperiode.

Lösung zu **b)**

Die Notwendigkeit der Abgrenzung ergibt sich z. B. aus den folgenden Gründen:

- Tatsächlicher Wert muss erfasst werden (Abschreibung),
- Eigentliches Handelsgeschäft wird sichtbar,
- Kostenvergleiche mit anderen Unternehmen oder Abrechnungsperioden werden möglich,
- Werteverzehr, aber keine Ausgabe bzw. kein Aufwand → realistischere Kalkulation und realistischeres Betriebsergebnis (Wirtschaftlichkeit der betrieblichen Arbeit).

Lösung zu **c)**

Geschäftsbuchführung → bilanziell aus Steuer- und Gläubigerschutzgründen
Nominelle Abschreibung → Anschaffungskosten
Substanzielle Abschreibung → Wiederbeschaffungswert
Finanzministerium → Nutzungsdauer
Anschaffungskosten → nominell
Wiederbeschaffungswert → höher
Degressive Abschreibung ist keine gleichmäßige Kalkulationsgrundlage
Steuerlich → tatsächlich

Lösung zu **d)**

Schritt 1:

Grundstücke / Gebäude		**840.000,00 €**
-	davon vermietete Wohngebäude	140.000,00 €
+	Fuhrpark	170.000,00 €
+	Betriebs- und Geschäftsausstattung	200.000,00 €
=	**betriebsnotwendiges Anlagevermögen**	**1.070.000,00 €**

Warenvorräte		610.000,00 €
+	Forderungen	60.000,00 €
+	Zahlungsmittel	90.000,00 €
+	Aktive Posten der Rechnungsabgrenzung	10.000,00 €
=	**betriebsnotwendiges Umlaufvermögen**	**770.000,00 €**

betriebsnotwendiges Anlagevermögen		1.070.000,00 €
+	betriebsnotwendiges Umlaufvermögen	770.000,00 €
=	**betriebsnotwendiges Vermögen**	**1.840.000,00 €**

Schritt 2:

Steuerrückstellungen		420.000,00 €
+	Verbindlichkeiten aus Lieferungen und Leistungen	300.000,00 €
+	Anzahlungen von Kunden	25.000,00 €
+	zinslose Darlehen	30.000,00 €
=	**Abzugskapital**	**775.000,00 €**

Schritt 3:

betriebsnotwendiges Vermögen		1.840.000,00 €
-	Abzugskapital	775.000,00 €
=	betriebsnotwendiges Kapital	1.065.000,00 €

Schritt 4:

$$1.065.000\ € * 9\% = 95.850\ €$$

$$\frac{95.850\ €}{12} = 7.987,50\ €$$

Lösung zu Verständnisaufgabe 8:

Lösung zu **a)**

■ **Zinsbindung des Kreditgebers**:

- In einer **Niedrigzinsphase** gilt: Je länger die Zinsbindung des Kreditgebers, umso sicherer ist die Investitionsrechnung. Dafür fordert der Kreditgeber möglicherweise einen Risikoaufschlag auf den Zins.
- In einer **Hochzinsphase** gilt: eine Festzinsvereinbarung nur für kurze Zeit treffen oder einen variablen Zins mit anschließender Beendigungsphase vereinbaren, ggf. Umfinanzierung.

■ **Tilgung**:
Grundsätzlich soll die Laufzeit nach der Kapitalbindung durch die Investitionen festgelegt werden. Ein niedriges Zinsniveau kann zu einer höheren Tilgung genutzt werden. Damit erfolgt der Schuldenabbau schneller, es werden Zinsen gespart und hierdurch vermindert sich das Investitionsrisiko. Ebenso vermindert sich das Risiko einer Anschlussfinanzierung, weil sich Zinserhöhungen am Schluss der Laufzeit geringer auswirken. Kredite mit hoher Tilgung sind ebenfalls meistens zinsgünstiger.

■ **Vereinbarung von Sondertilgungen**:
Sondertilgungen dienen der Flexibilität bei der Kreditrückzahlung und somit der Anpassung der Finanzierung an die Investition.

■ **Zinsgünstigster Jahreszins**:
Nur der Effektivzins – und nicht der Nominalzins – kann beim Vergleich, wer der günstigste Kreditgeber ist, herangezogen werden. Der Effektivzins wird beeinflusst von Disagio, Bearbeitungsgebühren und Verrechnung von Zins und Tilgung auf dem Kreditkonto.

■ **Nebenkosten**:
(soweit nicht im Effektivzins berücksichtigt): Gutachterkosten zur Wertermittlung in besonderen Fällen der Kreditsicherung, z. B. bei Grundpfandrechten; dabei ist die Beleihungsgrenze des Kreditgebers zu beachten. Außerhalb der Beleihungsgrenze droht ein Risikoaufschlag.

■ **Auszahlungszeitpunkt**:
Durch die Vereinbarung „Auszahlung nach Fertigstellung" können Liquiditätsengpässe auftreten.

Lösung zu **b)**

Als Maßstab für den Vergleich unterschiedlicher gestalteter Kreditangebote ist der effektive Jahreszins heranzuziehen.

Gebühren/Kosten, z. B.:

- Bearbeitungsgebühren,
- Darlehensgebühren,
- Bereitstellungszinsen,
- Teilauszahlungszuschläge,
- Disagio,
- Kontoführungsgebühren,
- Baufortschrittsgebühren,
- Vermittlungskosten.

Lösung zu **c)**

Die Annuität hat 2 Komponenten:

- einen **Zinsanteil** und
- einen **Tilgungsanteil**.

Der Zinsanteil wirkt sich auf die Ertragsrechnung aus, der Tilgungsteil nicht. Der Zinsanteil ist Aufwand.

Lösung zur Verständnisaufgabe 9:

Lösung zu **a)**

	1	2	3	4	5	6	7
1. Maschine	12.500,00 €	12.500,00 €	12.500,00 €	12.500,00 €	12.500,00 €	12.500,00 €	12.500,00 €
2. Maschine		15.000,00 €	15.000,00 €	15.000,00 €	15.000,00 €	15.000,00 €	15.000,00 €
3. Maschine			20.000,00 €	20.000,00 €	20.000,00 €	20.000,00 €	20.000,00 €
4. Maschine				25.000,00 €	25.000,00 €	25.000,00 €	25.000,00 €
jährliche Abschreibungen	12.500,00 €	27.500,00 €	47.500,00 €	72.500,00 €	72.500,00 €	72.500,00 €	72.500,00 €
liquide Mittel	12.500,00 €	40.000,00 €	87.500,00 €	160.000,00 €	182.500,00 €	195.000,00 €	187.500,00 €
Reinvestition				50.000,00 €	60.000,00 €	80.000,00 €	100.000,00 €
frei gesetzte Mittel	12.500,00 €	40.000,00 €	87.500,00 €	110.000,00 €	122.500,00 €	115.000,00 €	87.500,00 €

Lösung zu **b)**

Die über die Umsatzerlöse hereingeholten Abschreibungsbeträge können zur Finanzierung der Reinvestition genutzt werden. Bis die Reinvestition anfällt, werden die Mittel freigesetzt. Der Kapitalfreisetzungseffekt tritt auch ein, wenn zur Finanzierung der Reinvestition nicht alle frei gesetzten Mittel genutzt werden.

Wenn die durch Abschreibungen festgesetzten Mittel nicht bzw. noch nicht zur Reinvestition genutzt werden, können sie der Kapazitätserweiterung dienen usw.

Der Kapitalfreisetzungseffekt bzw. die Finanzierung durch Abschreibungen funktioniert optimal nur unter den Bedingungen, die im Beispiel vorausgesetzt sind; hier setzt auch die häufig geäußerte Kritik an. Zu den Voraussetzungen zählen z. B. auch:

- Für die Reinvestition müssen gleiche Maschinen zur Verfügung stehen. Beschaffungs- und Absatzmärkte verändern sich z. B. aufgrund technischer Entwicklungen oder als Ergebnis von Änderungen im Nachfrageverhalten.
- Die Preise für die Maschinen dürfen nicht wesentlich steigen. Im Beispiel wird gezeigt, dass der Effekt über mehrere (viele) Jahre wirkt. In dieser Zeit muss mit (erheblichen) Preissteigerungen gerechnet werden.
- Über die Preise der verkauften Produkte müssen die Abschreibungsbeträge hereingeholt werden. Dabei tritt das Problem auf, dass die kalkulierten Preise auf dem Markt nicht durchgesetzt werden können. Die Überwälzung der Abschreibungsbeträge auf die Kunden wird unter bestimmten Absatz- bzw. Marktbedingungen erschwert oder gar unmöglich.

Lösung zu Prüfungsähnlicher Aufgabe 1:

Lösung zu **a)**

Berechnung von Darlehen N° 1

Jahr	**Tilgung**	**Zins**	**Annuität**	Restschuld
0				
1	50.000,00 €	38.000,00 €	88.000,00 €	350.000,00 €
2	50.000,00 €	33.250,00 €	83.250,00 €	300.000,00 €
3	50.000,00 €	28.500,00 €	78.500,00 €	250.000,00 €
4	50.000,00 €	23.750,00 €	73.750,00 €	200.000,00 €
5	50.000,00 €	19.000,00 €	69.000,00 €	150.000,00 €
6	50.000,00 €	14.250,00 €	64.250,00 €	100.000,00 €
7	50.000,00 €	9.500,00 €	59.500,00 €	50.000,00 €
8	50.000,00 €	4.750,00 €	54.750,00 €	- €
	400.000,00 €	**171.000,00 €**	**571.000,00 €**	

Berechnung von Darlehen N° 2

Jahr	**Tilgung**	**Zins**	**Annuität**	Restschuld
0				400.000,00 €
1	35.618,24 €	38.000,00 €	73.618,24 €	364.381,76 €
2	39.001,98 €	34.616,27 €	73.618,24 €	325.379,78 €
3	42.707,16 €	30.911,08 €	73.618,24 €	282.672,62 €
4	46.764,34 €	26.853,90 €	73.618,24 €	235.908,28 €
5	51.206,96 €	22.411,29 €	73.618,24 €	184.701,32 €
6	56.071,62 €	17.546,62 €	73.618,24 €	128.629,70 €
7	61.398,42 €	12.219,82 €	73.618,24 €	67.231,28 €
8	67.231,27 €	6.386,97 €	73.618,24 €	- €
	400.000,00 €	**188.945,95 €**	**588.945,92 €**	

Berechnung des Leasing-Angebotes

Jahr	**Leasingrate**	**Sonderzahlung**	**Gesamtausgaben**
0			
1	62.000,00 €	10.000,00 €	72.000,00 €
2	62.000,00 €		62.000,00 €
3	62.000,00 €		62.000,00 €
4	62.000,00 €		62.000,00 €
5	62.000,00 €		62.000,00 €
6	62.000,00 €		62.000,00 €
7	62.000,00 €		62.000,00 €
8	62.000,00 €	90.000,00 €	152.000,00 €
	496.000,00 €	**100.000,00 €**	**596.000,00 €**

Am Ende des achten Jahres befindet sich die Anlage bei allen drei Finanzierungsarten im Eigentum der Middelhoff GmbH und kann für weitere zwei Jahre betrieblich genutzt werden. Im Vergleich entstehen folgende Gesamtausgaben:

Darlehen N° 1	Darlehen N° 2	Leasing
571.000,00 €	588.945,95 €	596.000,00 €

Die Middelhoff GmbH sollte sich für das Darlehen N°1 entscheiden.

Lösung zu **b)**

Folgende Vor- und Nachteile beim Leasing::

Vorteile	Nachteile
Für Anschaffungen muss kein Eigenkapital herangezogen werden	Leasingraten = Fixkosten; die Fixkosten des Unternehmens steigen somit
Die Anschaffung ist bilanzneutral; Kennzahlen werden hiervon nicht beeinflusst	Während der Vertragslaufzeit sind Kostenanpassungen nicht möglich
Die Leasingraten werden unter bestimmten steuerlichen Bedingungen auch steuerlich als Betriebsausgaben betrachtet	Leasing kann teuer sein; je nach Vertragsgestaltung können die Leasingraten 120% bis 140% des Kaufpreises ausmachen

Lösung zu Prüfungsähnlicher Aufgabe 2:

Lösung zu **a)**

$$Abschreibung = \frac{Anschaffungskosten - Restwert}{Nutzungsdauer}$$

Hinweis: Diese Formel sollten Sie sich merken; sie ist leider so nicht in der IHK-Formelsammlung zu finden!

Von den 250.000 Euro Anschaffungskosten werden zuerst die erwähnten 3% Skonto abgezogen:

$$250.000\ Euro * 0{,}97 = 242.500\ Euro$$

Dann wird die oben beschriebene Formel angewandt und die Werte eingesetzt. Der Restwert der alten Maschine wird dabei von dem Anschaffungspreis abgezogen, da wir hier davon ausgehen, dass das Unternehmen diese Maschine dann nicht mehr benötigen würde.

$$Abschreibung = \frac{242.500\ Euro - 10.000\ Euro}{5\ Jahre}$$ = 46.500 Euro pro Jahr

$$Kalkulatorische\ Zinsen = \frac{Anschaffungskosten + Restwert}{2} * Kalkulationszinssatz$$

Hinweis: Diese Formel finden Sie in der IHK-Formelsammlung auf der Seite 26 unter dem Begriff „kalkulatorische Zinsen pro Jahr".

$$Kalkulatorische\ Zinsen = \frac{242.500\ Euro + 10.000\ Euro}{2} * 0{,}08 = 10.100\ Euro\ pro\ Jahr$$

$$Betriebskosten\ neue\ Anlage + Abschreibung + kalk. Ziinsen < Vergleich > Kosten\ alte\ Anlage$$

$$5.000\ Euro + 46.500 + 10.100\ Euro = 61.600\ Euro$$

Das hier erscheinende Ergebnis von 61.600 Euro jährlicher Kosten ist wesentlich höher als der Wert von 8.000 Euro Kosten für die alte Anlage.

Lösungstext zu **b)**

Trotz der wesentlich höheren Kosten im Rahmen der Kostenvergleichsrechnung wird sich der Controller wahrscheinlich für die neue Druckmaschine entscheiden, da evtl. die technologische Entwicklung bei neueren Druckmaschinen einfach weiter vorangeschritten ist.

Lösung zur Prüfungsähnlicher Aufgabe 3:

Lösung zu **a)**

Umschlagshäufigkeit des Materiallagers (360 Tage p.a.)	15
Lieferantenziel	20 Tage
durchschnittliche Fertigungsdauer	30 Tage
durchschnittliche Lagerdauer der Fertigungserzeugnisse	10 Tage

$$\frac{360\ Tage}{15} = 24 \text{ Tage}$$

Danach sollte das durchschnittliche Kundenziel ermittelt werden, indem die unterschiedlichen Tage mit den Prozentangaben gewichtet werden und durch die Summe der Gewichte dividiert werden können.

30% x 30 Tage	=	900
40% x 40 Tage	=	1600
30% x 60 Tage	=	1800
SUMME	=	4300

Den Wert von 4300 teilt man dann durch 100 und erhält einen Wert von **43 Tagen**
Nun kann die Berechnung des durchschnittlichen Kapitalbedarfs für das Umlaufvermögen erfolgen.

	Tage	Wert	
durchschnittlicher Materialeinsatz	$[(24-20)+30+10+43]$ *	2.500 € =	217.500 €
durchschnittlicher Fertigungslohneinsatz	30 + 10 + 43 *	15.000 € =	1.245.000 €
durchschnittlicher Gemeinkosteneinsatz	24 + 30 + 10 +43 *	5.000 € =	535.000 €
			1.997.500 €

Lösung zu **b)**

Berechnung des Gesamtkapitalbedarfs

durchschnittlicher Kapitalbedarf des Umlaufsvermögens	1.997.500,00 €
Kapitalbedarf des Anlagevermögens	650.000,00 €
Kapitalbedarf für Gründung und Ingangsetzung	50.000,00 €
GESAMTKAPITALBEDARF	2.697.500,00 €

Lösung zu **c)**

Sicherheitsbestand = Bestand an Materialien, der normalerweise nicht für die Produktion gedacht ist. Es handelt sich um einen Puffer, der die Leistungsbereitschaft des Unternehmens bei Lieferantenausfällen gewährleisten soll.

Sicherheitsbestand = langfristiges Umlaufvermögen

Lösung zur Prüfungsähnlicher Aufgabe 4:

Lösung zu **a)**

Ziel ist es hierbei, Entscheidungshilfen für ein Unternehmen zu liefern, welches auf einem wettbewerbsintensiven Markt tätig ist.

Ausgehend von einem Markt erlaubten Preis und einem festgelegten Gewinn, werden die erlaubten Kosten ermittelt.

Übersteigen die tatsächlichen Kosten die erlaubten Kosten, müssen Kostensenkungspotenziale ermittelt werden. Der Grundgedanke des Target Costing ist „Was darf ein Produkt kosten?“ und nicht „Was wird ein Produkt kosten?“

Lösung zu **b)**

- **Zielkostenermittlungsphase**: Der ermittelte Marktpreis wird den Kosten aus der Zuschlagskalkulation gegenübergestellt (=Vergleich),
- **Zielkostenspaltungsphase**: Gesamteinzelkosten werden auf einzelne Funktionen aufgegliedert. Frage ist hierbei, welche Funktionen sind für das Produkt wirklich notwendig und welche können weggelassen werden.
- **Zielkostenerreichungsprozess**: Bei einzelnen Funktionen wird nach Kostensenkungspotenzialen gesucht, um den angestrebten Marktpreis oder die angestrebte Marge (Gewinn) zu erreichen.

Lösung zu **c)**

- **Drifting Costs**: Standardkosten in der Plankostenrechnung, bezigen auf Lebensdauer und vorgegebene Qualität eines Produktes. Ermittlung erfolgt nach dem Bottom-Up-Verfahren.
- **Allowable Costs**: maximal erlaubte Kosten zur Erreichung des Zielgewinns,
- **Target Price**: wettbewerbsfähiger Marktpreis.

Lösung zur Prüfungsähnlicher Aufgabe 5:

Lösung zu a)

Rechte:

- Stimmrecht in der Hauptversammlung,
- Recht auf Dividende,
- Bezugsrecht bei der Neuausgabe von Aktien,
- Recht auf einen Anteil am Liquidationserlös.

Lösung zu b)

Mögliche Vorteile:

- Mindestdividende,
- Erhöhter Dividendenanspruch,
- Dividendenausfall muss in späteren Jahren von der AG nachgezahlt werden.

Lösung zu c)

Mögliche Gründe:

- Ein Gründer wollte seinen Anteil veräußern, um liquide Mittel zu erhalten,
- Fremde sollten kein Stimmrecht in der Hauptversammlung haben.

Lösung zu d)

- **Höchster Emissionskurs** = Börsenwert der alten Aktien, weil die jungen Aktien derselben AG zu einem über dem Börsenkurs liegenden Ausgabekurs nicht zu verkaufen sind.
- **Niedrigster Emissionskurs** = Nennwert von 5,50 Euro, weil die Emission unter pari (weniger als 100% des Nennwerts) verboten ist.

Lösung zur Prüfungsähnlicher Aufgabe 6:

Lösung zu a)

Finanzierungsgebühr	80.000.000 * 0,80 * 0,04875	3.120.000,00 €
Factoring-Gebühr	650.000.000 * 0,80 * 0,011	5.720.000,00 €
Kosten p.a. insgesamt		**8.840.000,00 €**
Kontokorrentzinsersparnis	60.000.000 * 0,08	4.800.000,00 €
Skontovorteil	120.000.000 * 0,02	2.400.000,00 €
Erspartes Ausfallrisiko	3.000.000 * 0,80	2.400.000,00 €
Ersparte Kosten	58.000 * 1,50	87.000,00 €
Ersparnis p.a. insgesamt		**9.687.000,00 €**

9.687.000 € - 8.840.000 €
= **847.000 € Differenz**

Die Ersparnis überseigt die Kosten des Factoring **um 847.000 Euro**. Damit ist das Angebot des Factoring-Dienstleisters rechnerisch vorteilhaft.

Lösung zu b)

Im vorliegenden Fall schließt die Factoring-Gebühr eine Delkrederegebühr ein, wodurch das Forderungsausfallrisiko zu 80% versichert ist.

Diese Gebühr von 0,6% auf den Factoring-Umsatz entspricht **3.120.000 Euro**
Der durchschnittliche versicherbare Forderungsausfall beläuft sich auf 80% von 3 Mio. Euro: **2.400.000 Euro**
Ein Verzicht auf die Delkrederefunktion entspräche einer Ersparnis von **720.000 Euro.**

Diese Ersparnis ist allerdings ungewiss, weil das zukünftige Risiko von Zahlungsausfällen nur auf Durchschnittswertberechnungen beruht. Die 720.000 Euro können insofern als Sicherheitsprämie angesehen werden, da hiermit der Eingang von 80% aller vom Factoring-Geber angekauften Forderungen – auch über den bisherigen Ausfall hinaus – gewährleistet ist.

Lösung zu **c)**

Eine Möglichkeit, den Forderungsumschlag zu verbessern, könnte die Einräumung von Kundenskonti sein.

- **Vorteile**: Hierdurch würden Kunden zu früherer Zahlung veranlasst; die Liquidität steht also früher als bisher zur Verfügung, ohne dass ein kostenpflichtiges Factoring praktiziert werden muss. Die gewonnene Liquidität kann genutzt werden, um Lieferantenverbindlichkeiten innerhalb der Skontofrist zu bezahlen.
- **Nachteile**: Skontoeinräumung führt zu erheblichen Ertragseinbußen, sofern der Skonto nicht einkalkuliert wird, z. B. entsprechen 2% Skontoabzug für eine um 30 Tage vorgezogene Zahlung einem Jahreszins von 24%. Außerdem ist keineswegs sicher, dass der gewünschte Effekt der Erhöhung der Forderungsumschlaghäufigkeit tatsächlich eintritt, denn es könnte sein, dass die Marktgepflogenheiten der Annahme des Skontoangebotes durch die Kunden entgegenstehen, diese also ihre lange Zahlpause weiterhin nutzen.

Lösung zur Prüfungsähnlicher Aufgabe 7:

Lösung zu **a)**

Kapitalwert für i = 10%

C_0 = Barwert der Rückflüsse – Anschaffungsauszahlung

= 120.000 € * DSF (10 %; sechs Jahre) – 480.000 €

= 120.000 € * 4,355261 – 480.000 € = +42.631 €

Aufgrund des positiven Kapitalwertes muss der Zinssatz um vier Prozentpunkte erhöht werden; daher die Ermittlung des Kapitalwertes für i = 14%.

C_0 = 120.000 € * 3,888668 – 480.000 € = -13.360 €

Bestimmung des internen Zinsfußes mithilfe der Regula Falsi:

$$r = i_1 - C_{01} * \frac{i_2 - i_1}{C_{02} - C_{01}}$$

$$= 10\,\% - 42.631\,€ * \frac{14\% - 10\%}{-13.360\,€ - 42.631\,€}$$

$$= 10\,\% + 4\,\% * \frac{42.631\,€}{55.991\,€} = 13{,}05\,\%$$

Das Projekt ist vorteilhaft, da der interne Zinsfuß ca. 3% oberhalb des Kalkulationszinssatzes liegt und somit eine angemessene Verzinsung des im Projekt eingesetzten Kapitals sichergestellt ist.

Lösung zu **b)**

Zahlungsüberschuss		120.000 € je Jahr
- Annuität aus Investment	= 480.000 € * KWF (10 %; sechs Jahre)	
	= 480.000 € * 0,229607	= 110.211 € je Jahr
= Annuität des Investitionsvorhabens		+ 9.789 € je Jahr

Da die Annuität, d.h. der jährliche Anteil des Gesamterfolges des Projektes positiv ist, ist das Projekt als vorteilhaft anzusehen und zu befürworten.

Lösung zu **c)**

Umsatzerlöse		640.000 € je Jahr
- variable Kosten		384.000 € je Jahr
= Deckungsbeitrag		**256.000 € je Jahr**
- laufende Fixkosten		136.000 € je Jahr
- kalkulatorische Abschreibungen	$\frac{480.000\,€}{6\,Jahre} =$	80.000 € je Jahr
- kalkulatorische Zinsen	$\frac{480.000\,€}{2} * 10\,\%\,p.a. =$	24.000 € je Jahr
= Betriebsergebnis		**16.000 € je Jahr**

Lösung zu **d)**

Break-even-Menge = $\frac{Fixkosten}{db} = \frac{136.000\,€\ je\ Jahr + 80.000\,€\ je\ Jahr + 24.000\,€\ je\ Jahr}{0{,}80\,€\ je\ Stück - 0{,}48\,€\ je\ Stück}$

$$= \frac{240.000\,€\ je\ Jahr}{0{,}32\,€\ je\ Stück} = 750.000\ Stück\ je\ Jahr$$

Kapazitätsgrenze = 250 Arbeitstage je Jahr * 2 Schichten je Arbeitstag * 2.500 Stück je Schicht * 80 % = 1.000.000 Stück je Jahr.

Break-even-Beschäftigungsgrad = $\frac{750.000\ Stück\ je\ Jahr}{1.000.000\ Stück\ je\ Jahr} = 75\ \%$

Mit der geplanten Kapazitätsauslastung von 80 % liegt der Betrieb nur geringfügig oberhalb der Gewinnschwelle, die bei 75% Auslastung erreicht wird. Daher besteht ein erhebliches Stückzahlrisiko des Investitionsvorhabens.

Lösung zur Prüfungsähnlicher Aufgabe 8:

Lösung zu **a)**

$$\frac{Gewinn}{i} = \frac{15}{0{,}1} = 150\ Euro$$

Lösung zu **b)**

b.1.) Dividendenerhöhung

Neuer Wert der Aktie = $\frac{15+5}{0{,}1} = 200\ Euro$

b.2.) Kapitalerhöhung

Auf 4 alte Aktien kann eine neue Aktie zu 120 Euro (Emissionskurs) bezogen werden. Diese neue Aktie hat aber – gemäß unseren Berechnungen für die Dividendenerhöhung – einen Wert von 200 Euro. Der Aktionär kommt somit in den Genuss von zusätzlichen 20 Euro je Aktie, die den Wert eines Bezugsrechtes darstellen:

$$\frac{200 - 120}{4} = 20\ Euro$$

Der Wert der Aktie erhöht sich somit gesamthaft auf 220 Euro.

Lösung zu **c)**

Bezugsrecht = $\frac{220-120}{\frac{4}{1}+1} = 20\ Euro$

Lösung zu **d)**

Aufgrund von Punkt 2 unter b) wird deutlich, dass es in erster Linie zwei Gründe sind, die zu einem Emissionskurs von 120 Euro und nicht zu einem höheren geführt haben:

- Dividendenpolitische Maßnahme (zusätzliche <Dividende>,
- liquiditätspolitische Überlegungen: Die Unternehmen hat offenbar genügend Liquidität.

Lösung zur Prüfungsähnlicher Aufgabe 9:

Lösung zu **a)**

Sämtlichen Überlegungen des Finanzchefs liegen statistische Aspekte zugrunde. Das bedeutet, die angegebenen Daten wurden ohne den Faktor Zeit erstellt. Rein rechnerisch ist dem Ergebnis nichts beizufügen, da die Auszahlungen richtig miteinander verglichen wurden. Aber die Ergebnisse ändern sich, wenn in die Überlegungen dynamische Aspekte einbezogen werden. Deswegen drängt sich in diesem Fall die Methode der Diskontierung auf, wie schon die Aussage des früheren Bilanzbuchhalters belegt. Es kam deshalb mit einem Kalkulationszinssatz von 5% zu anderen Ergebnissen als der Finanzchef.

Lösung zu **b)**

b.1.) Berechnung der Obligationenanleihe

Emissionskosten	300.000,00 €
Zinsen (500.000 * 7,722)	3.861.000,00 €
Rückzahlung (10 Mio. * 0,614)	6.140.000,00 €
Kapitalwert	**10.301.000,00 €**

b.2.) Berechnung des Leasings

Bereitstellungsgebühr	50.000,00 €
Mieten (120 * 111.500 * 94,275)	10.511.663,00 €
Kapitalwert	**10.561.663,00 €**

Lösungen zu den Multiple-Choice-Fragen

B1 = a

B2 = b

B3 = a + d

B4 = b

B5 = a + b + d

B6 = b + c + d

B7 = a + c

B8 = b

B9 = b + c

B10 = b + c

B11 = a +c

B12 = b

3. Zwischen- und Jahresabschlüsse (nationales Recht)

Lösung zu Verständnisaufgabe 1:

Lösung zu **a)**

Unterliegt ein Existenzgründer der Buchführungspflicht nach Handels- und Steuerrecht, dann besteht der Jahresabschluss aus:

- der **Bilanz** und
- der **Gewinn- und Verlustrechnung** (GuV)

Herr Jacobs müsste klären, ob er

- eine **Handels- und eine Steuerbilanz** oder
- eine **Einheitsbilanz**

aufstellen müsste. Die Unterscheide liegen hierbei jeweils in den gesetzlichen Vorschriften.

Lösung zu **b)**

Der Jahresabschluss einer Personengesellschaft entspricht dem Jahresabschluss für Einzelunternehmen. Oft genügt hierbei eine einfache Einnahme-Ausgaben-Aufstellung, erst ab einer gewissen Größe muss hierbei bilanziert werden.

Der Jahresabschluss für Kapitalgesellschaften hingegen setzt sich zusammen aus:

- der **Bilanz** und
- der **Gewinn- und Verlustrechnung** (GuV)
- dem **Anhang**

Lösung zu Verständnisaufgabe 2:

Zu **a)** und **b)** Gemäß § 242 HBG – Bilanz und GuV (große Einzelunternehmen haben zudem das Publizitätsgesetz zu beachten)
Kalando GmbH, Umsatz 320 T€, Bilanzsumme 450 T€, Arbeitnehmer 8 Gemäß § 242 und § 264 HBG – Bilanz, GuV und Anhang (kleine Kapitalgesellschaft gem. § 267 HGB)

Umsatz 15 Mio. €, Bilanzsumme 8 Mio. €, Arbeitnehmer 70
Gemäß § 242 und § 264 HBG – Bilanz, GuV und Anhang, ergänzend ist ein Lagebericht aufzustellen (mittelgroße Kapitalgesellschaft gem. § 267 HGB

Ferano Stahl AG (an der Börse gelistet, kein Konzern), Umsatz 38 Mio. €,
Bilanzsumme 20 Mio. €, Arbeitnehmer 240Gemäß § 242 und § 264 HBG – Bilanz, GuV und Anhang, ergänzend ist ein Lagebericht aufzustellen (mittelgroße Kapitalgesellschaft gem. § 267 HGB); da die Damenschuh AG kapitalmarktorientiert ist, muss sie noch eine Kapitalflussrechnung und einen Eigenkapitalspiegel erstellen. Eine Segmentberichterstattung kann wahlrechtlich aufgestellt werden.

Urban Wear GmbH & Co.KG, Umsatz 50 Mio. €, Bilanzsumme 55 Mio. €, Arbeitnehmer
310 Gemäß § 242, § 264 und § 264a HBG – Bilanz, GuV und Anhang, ergänzend ist ein Lagebericht aufzustellen (große Gesellschaft gem. § 267 HGB)

Lösung zu Verständnisaufgabe 3:

Lösung zu **a)**

Erhöhung des Eigenkapitals	30.000,00 €	Differenz zwischen dem Eigenkapital in 2015 und dem in 2014
+ Privatentnahmen	30.000,00 €	Monatliche Privatentnahmen in Höhe von 2.500 Euro x 12 Monate
- Kapitaleinlage	15.000,00 €	
= Jahresüberschuss	**45.000,00 €**	

Lösung zu **b)**

Zuerst sollten Sie bei dieser Aufgabe das durchschnittliche Eigenkapital errechnen. Dafür nehmen Sie den Eigenkapitalwert aus 2014 und den aktuellen aus 2015:

$$durchchnittliches\ Eigenkapital = \frac{340.000\ Euro + 370.000}{2} = 355.000\ Euro$$

Nun kann die Eigenkapitalrentabilität berechnet werden. Benutzen Sie hierfür die Formel.
Hinweis: Die Formel finden Sie auch in der IHK-Formelsammlung auf Seite 20!

$$Eigenkapitalrentabilität = \frac{Jahresergebnis}{Eigenkapital} * 100$$

$$Eigenkapitalrentabilität = \frac{45.000\ Euro}{355.000\ Euro} * 100 = 12{,}67\%$$

Die Eigenkapitalrentabilität beträgt 12,67%.

Lösung zu Verständnisaufgabe 4:

1)

- Verstoß gegen den Grundsatz der Bilanzklarheit (§ 243 Abs. 2 HGB)
- Verstoß gegen die Gliederungsvorschriften.

2)

- Verstoß gegen Grundsatz der formellen Bilanzkontinuität (§ 265 Abs. 1 HGB).
- Nicht mit dem Grundsatz der Bilanzklarheit vereinbar, weil ohne sachliche Gründe.

3)

- Verstoß gegen Grundsatz der Bilanzwahrheit; das Grundstück darf handels- und steuerrechtlich höchstens zum Anschaffungswert angesetzt werden (§ 253 Abs. 1 HGB; § 6 Abs. 1 EStG).

4)

- Verstoß gegen den Grundsatz der Periodenabgrenzung (§ 252 Abs. 1 Nr. 5 HGB).
- Versicherungsprämien müssen als aktive Rechnungsabgrenzungsposten im Jahresabschluss ausgewiesen werden (§ 250 Abs. 1 HGB).

Lösung zu Verständnisaufgabe 5:

Zuordnung der Ordnungsmäßigkeit

formelle Ordnungsmäßigkeit	materielle Ordnungsmäßigkeit
▪ Übersicht durch Kontenplan, ▪ lebende Sprache, ▪ fortlaufende Nummerierung, ▪ keine leeren Zwischenräume, ▪ Geordnetes Belegwesen, ▪ Aufbewahrungspflichten	▪ Zeitgerechte und geordnete Buchungen, ▪ vollständige und richtige Eintragungen, ▪ jährliche Inventur, ▪ Nachprüfbare Ablage der Belege, ▪ Richtige Bewertung nach Handels- und Steuerrecht

Lösung zu Verständnisaufgabe 6:

Nach HGB ergibt sich folgende Lösung (vgl. § 255 Abs. 1 HGB):

Zu den Anschaffungskosten gehören:

Anschaffungspreis abzgl. Umsatzsteuer	80.000,00 €
Montagekosten abzgl. Umsatzsteuer	3.000,00 €
Frachtkosten abzgl. Umsatzsteuer	500,00 €
Gesamt	**83.500,00 €**

Im Rahmen der Anschaffungsnebenkosten dürfen nur die dem Vermögensgegenstand zurechenbaren Kosten aktiviert werden. Deshalb müssen die anteiligen Kosten der Beschaffungsabteilung als Aufwand verbucht werden.

Das Klimagerät stellt einen selbstständigen Vermögensgegenstand dar und gehört deshalb ebenfalls nicht zu den Anschaffungskosten der EDV-Anlage. Es muss mit Herstellungskosten von 1.120 Euro (970 Euro + 150 Euro) aktiviert werden.

Lösung zu Verständnisaufgabe 7:

Eine **Rücklage** ist ein nicht auf dem Kapitalkonto ausgewiesener Bestandteil des Eigenkapitals. Es gibt offene Rücklagen: auf der Passivseite der Bilanz § 266 Abs. 2 HGB, und stille Rücklagen: überhaupt nicht ausgewiesene, die entstehen durch Bewertung von Posten der Aktivseite am Markt (Immobilienwert nach Abschreibung).

Beispiele sind Gewinnrücklagen, Gesetzlich vorgeschriebene Rücklagen, Rücklagen für Ersatzbeschaffung.

Eine **Rückstellung** ist ein Posten auf der Passivseite § 266 Abs. 3 HGB i.V.m. § 249 HGB, die für Aufwendungen gebildet werden, die ins Abschlussjahr gehören, aber noch ungewiss hinsichtlich auftreten/ der Höhe sind (z. B. fehlende Rechnung, fehlender Gerichtsentscheid, gegebene Garantien). Wenn feststeht wie viel zu zahlen ist bzw. dass keine Verpflichtung eintritt, ist die Rückstellung aufzulösen. In der Wirkung sichert eine Rückstellung das Unternehmen gegen einen Aufwand ab.

Beispiele für Rückstellungen sind Pensionsrückstellungen, Steuerrückstellungen, Rückstellungen für Abschluss- und Prüfungskosten.

Lösung zu Verständnisaufgabe 8:

Lösung zu **a)**

Der derivativ erworbene Geschäfts- oder Firmenwert ist der Unterschiedsbetrag, „um den die für die Übernahme eines Unternehmens bewirkte Gegenleistung den Wert der einzelnen Vermögensgegenstände des Unternehmens abzüglich der Schulden im Zeitpunkt der Übernahme übersteigt", § 246 Abs. 1 Satz 4 HGB.

Gemäß § 246 Abs. 1 HGB ist der Geschäfts- oder Firmenwert bilanzierungspflichtig.

Gemäß § 266 Abs. 2 HGB ist der Geschäfts- oder Firmenwert auf der Aktivseite im Anlagevermögen unter der Position A.I.Nr. 3 „Geschäfts- oder Firmenwert" gesondert auszuweisen.

Lösung zu **b)**

Der Geschäfts- oder Firmenwert wird aus den Zeitwerten zum Übernahmezeitpunkt (26. Juni 2015) ermittelt:

Summe der Vermögensgegenstände	7.200.000,00 €	
- Summe der Schulden	5.700.000,00 €	
= **Reinvermögen**		**1.500.000,00 €**

Kaufpreis	4.000.000,00 €
- Reinvermögen	- 1.500.000,00 €
= **Geschäfts- oder Firmenwert**	**2.500.000,00 €**

Lösung zu **c)**

- **Handelsrecht**: Gemäß § 285 Nr. 13 hat die Weinkenner AG die Gründe für die Annahme einer betrieblichen Nutzungsdauer eines entgeltlich erworbenen Geschäfts- oder Firmenwertes von mehr als fünf Jahren zu rechtfertigen.
- **Steuerrecht**: Gemäß § 7 Abs. 1 S. 3 EStG beträgt der Abschreibungszeitraum eines entgeltlich erworbenen Geschäfts- oder Firmenwertes 15 Jahre.

Lösung zu Verständnisaufgabe 9:

Lösung zu **a)**

1. Abschluss eines Gesellschaftsvertrages (=Satzung) mit notarieller Beurkundung,
2. Aufbringung des Stammkapitals (mindestens 25.000 Euro; Ausnahme bei UG >Mini-GmbH< mit 1 Euro),
3. Leistung der Stammeinlage (=vom Gesellschafter übernommener Anteil am Stammkapital),
4. Erwerb der Gesellschaftsanteile durch die Gesellschafter (auf jede Stammeinlage muss mindesten ein Viertel eingezahlt werden; Sacheinlagen müssen zu 100% geleistet werden),
5. Anmeldung zur Eintragung in das Handelsregister (durch einen Notar).

Lösung zu **b)**

	Kapital	**Kapitalverzinsung, 4%**	**Rest nach Köpfen**	**Gesamtgewinn**
Walther	300.000,00 €	12.000,00 €	30.000,00 €	42.000,00 €
Klarmann	100.000,00 €	4.000,00 €	30.000,00 €	34.000,00 €
		16.000,00 €	**60.000,00 €**	**76.000,00 €**

Lösung zu **c)**

Notwendig ist bei der GmbH-Gründung eine **Eröffnungsbilanz**. Die Eröffnungsbilanz zeigt den genauen Vermögensstatus zum Zeitpunkt der GmbH-Gründung. Damit dokumentiert sie für die Geschäftsführer und die Gesellschafter die gezahlten Einlagen. Gleichzeitig ist die Eröffnungsbilanz die Basis für die Buchführung und Gewinnermittlung in der Schlussbilanz zum Ende des ersten Rumpfjahres.

In der Eröffnungsbilanz werden also die Vermögens- und Kapitalverhältnisse der GmbH zum Gründungszeitpunkt dargestellt.

Lösung zu Prüfungsähnlicher Aufgabe 1:

AKTIVA			PASSIVA
ANLAGEVERMÖGEN		**EIGENKAPITAL**	
Sachanlagen	400.000,00 €	Stammkapital	200.000,00 €
UMLAUFVERMÖGEN		andere Gewinnrücklagen	50.000,00 €
Vorräte	60.000,00 €	Jahresüberschuss (Gewinn)	
Forderungen aus L + L	90.000,00 €	**RÜCKSTELLUNGEN**	
Flüssige Mittel (Kasse, Bank)	30.000,00 €	Steuerrückstellungen	
		VERBINDLICHKEITEN	
		Verbindlichkeiten gegenü. Krediti.	150.000,00 €
		Verbindlichkeiten aus L + L	80.000,00 €
SUMME	**580.000,00 €**	SUMME	**480.000,00€**

Differenz zwischen beiden Seiten beträgt 100.000 Euro. Diese 100.000 Euro sind also laut Aufgabenstellung dann der Gewinn des Unternehmens, welcher mit 30% versteuert werden muss.

AKTIVA			PASSIVA
ANLAGEVERMÖGEN		**EIGENKAPITAL**	
Sachanlagen	400.000,00 €	Stammkapital	200.000,00 €
UMLAUFVERMÖGEN		andere Gewinnrücklagen	50.000,00 €
Vorräte	60.000,00 €	Jahresüberschuss	70.000,00 €
Forderungen aus L + L	90.000,00 €	**RÜCKSTELLUNGEN**	
Flüssige Mittel (Kasse, Bank)	30.000,00 €	Steuerrückstellungen	30.000,00 €
		VERBINDLICHKEITEN	
		Verbindlichkeiten gegenü. Krediti.	150.000,00 €
		Verbindlichkeiten aus L + L	80.000,00 €
SUMME	580.000,00 €	SUMME	580.000,00 €

Bemerkungen zur Bilanz:

- Das langfristige Vermögen wird im HGB-Abschluss gemäß § 266 Abs. 2 A. II. auf der Aktivseite als Anlagevermögen (Sachanlagen) ausgewiesen.
- Die Vorräte, Forderungen aus Lieferungen und Leistungen und flüssigen Mittel werden gemäß § 266 Abs. 2 B HGB auf der Aktivseite im Umlaufvermögen als einzelne Posten ausgewiesen.
- Das Stammkapital wird im HGB gemäß § 266 Abs. 3 A. I. HGB als Gezeichnetes Kapital ausgewiesen.
- Der Gewinn beträgt 100.000 €. Bei einer Belastung mit Steuern auf Einkommen und Ertrag in Höhe von 30% ist eine Steuerrückstellung in Höhe von 30.000 € zu bilden, die gemäß § 266 Abs. 3 B II HGB auf der Passivseite unter den Rückstellungen getrennt auszuweisen ist.

- Die Verbindlichkeiten gegenüber Kreditinstituten und Verbindlichkeiten aus Lieferungen und Leistungen werden gemäß § 266 Abs. 3 C HGB auf der Passivseite unter den Verbindlichkeiten als einzelne Posten ausgewiesen.

Lösung zu Prüfungsähnlicher Aufgabe 2:

Durchschnitt der Berichtsperiode	Tonnen	Preis/t	Preis Gesamt
Anfangsbestand 01.01.2015	330	469,70 €	155.000,00 €
Zugang 20.04.2015	240	520,00 €	124.800,00 €
Zugang 15.08.2015	325	507,69 €	165.000,00 €
Zugang 30.11.2015	380	542,87 €	206.290,00 €
	1.275		651.090,00 €
durchschnittliche Anschaffungskosten		510,66 €	
Abgänge in 2015	830		
Endbestand, bewertet zu durchschnittlichen Anschaffungskosten	445	510,66 €	227.243,70 €
Wiederbeschaffungskosten 31.12.2015	445	500,00 €	222.500,00 €
Handelsrechtlicher Bilanzansatz 31.12.2015			**222.500,00 €**

Lösung zu Prüfungsähnlicher Aufgabe 3:

Lösung zu **a)**

Zentrifuge		**24.950,00 €**
Transportkosten		2.370,00 €
Fundament		9.880,00 €
abzgl. 2% Skonto	-	197,60 €
Stromanschluss		107,50 €
Meister		
Bonus (jeweils 500 Euro pro Maschine)	-	500,00 €
Anschaffungskosten		**36.609,90 €**

Lösung zu **b)**

Gem. § 253 (3) HGB sind die Anschaffungs- oder Herstellungskosten von Vermögensgegenständen des Anlagevermögens (deren Nutzung zeitlich begrenzt ist) um **planmäßige** Abschreibungen zu vermindern. Außerdem ist das gemilderte Niederstwertprinzip zu beachten.

Lösung zu Prüfungsähnlicher Aufgabe 4:

Bruttomethode

Maschine	5.000.000,00 €	***an***	Finanzkonto	5.000.000,00 €
Abschreibungen	1.000.000,00 €	***an***	Maschine	1.000.000,00 €
Finanzkonto	500.000,00 €	***an***	passiver Abrenzungsposten	500.000,00 €
passiver Abrenzungsposten	100.000,00 €	***an***	andere Erträge	100.000,00 €

Bilanzansatz der Maschine zum 31.Dezember	4.000.000,00 €

Nettomethode

Maschine	5.000.000,00 €	***an***	Finanzkonto	5.000.000,00 €
Finanzkonto	500.000,00 €	***an***	Maschine	500.000,00 €
Abschreibungen	900.000,00 €	***an***	Maschine	900.000,00 €

Bilanzansatz der Maschine zum 31.Dezember	3.600.000,00 €

Lösung zu Prüfungsähnlicher Aufgabe 5:

Fall 1:

Kontenname	Wert
Bank	154.700 €

an

Kontenname	Wert
LAK	20.000 €
Vorräte	110.000 €
USt.	24.700 €

Fall 2:

Kontenname	Wert
Kasse	178.500 €
LAK	30.000 €

an

Kontenname	Wert
Maschinen	180.000 €
USt.	28.500 €

Fall 3:

Kontenname	Wert
Bank	380.000 €

an

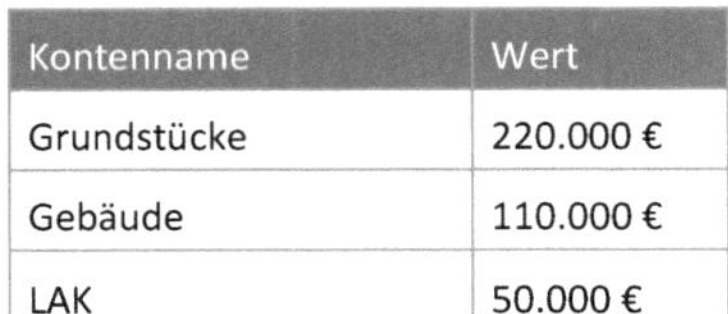

Kontenname	Wert
Grundstücke	220.000 €
Gebäude	110.000 €
LAK	50.000 €

Fall 4:

Kontenname	Wert
Bankdarlehen	110.000 €

an

Kontenname	Wert
Bank	110.000 €

Fall 5:

Kontenname	Wert
Bank	85.400 €
LAK	5.000 €
USt.	800 €

an

Kontenname	Wert
Forderungen	91.200 €

Fall 6:

Kontenname	Wert
Verbindlichkeiten	111.200 €

an

Kontenname	Wert
Bank	111.200 €

Fall 7:

Kontenname	Wert
Kasse	83.300 €
LAK	10.000 €

an

Kontenname	Wert
Betriebs- u. Geschäftsa.	80.000 €
USt.	13.380 €

Fall 8:

Kontenname	Wert
Bank	190.000 €

an

Kontenname	Wert
Kasse	190.000 €

Fall 9:

Kontenname	Wert		Kontenname	Wert
LAK	13.000 €	an	Kasse	15.470 €
Vorsteuer	2.470 €			

Fall 10:

Kontenname	Wert		Kontenname	Wert
USt.	2.470 €	an	Maschinen	2.470 €
USt.	63.230 €		USt.	63.230 €

Buchungen in Kontenrahmen

Grundstücke

S		H	
AB)	220.000,00 €	3)	220.000,00 €

Gebäude

S		H	
AB)	110.000,00 €	3)	380.000 €

Geschäftsausstattung

S		H	
AB)	80.000,00 €	7)	80.000,00 €

Maschinen

S		H	
AB)	180.000,00 €	2)	178.500,00 €

Vorsteuer

S		H	
9)	2.470,00 €	10)	2.470,00 €

Umsatzsteuer

S		H	
5)	800,00 €	1)	24.700,00 €
10)	2.470,00 €	2)	28.500,00 €
10)	63.230,00 €	7)	13.300,00 €
	66.500,00 €		**66.500,00 €**

Darlehen

S		H	
4)	110.000,00 €	AB)	110.000,00 €

Verbindlichkeiten

S		H	
6)	111.200,00 €	AB)	111.200,00 €

Kapital Schneider

S		H	
SB)	400.000,00 €	AB)	400.000,00 €

Kapital Schlecka

S		H	
SB)	200.000,00 €	AB)	200.000,00 €

LAK

S		H	
2)	30.000,00 €	1)	20.000,00 €
5)	5.000,00 €	3)	50.000,00 €
7)	10.000,00 €		
9)	13.000,00 €		
Gewinn	**12.000,00 €**		
	70.000,00 €		**70.000,00 €**

Kasse

S		H	
AB)	10.000,00 €	8)	190.000,00 €
2)	178.500,00 €	9)	15.470,00 €
7)	83.300,00 €	SB)	66.330,00 €
	271.800,00 €		**271.800,00 €**

Bank

S		H	
AB)	20.000,00 €	4)	110.000,00 €
1)	154.700,00 €	6)	111.200,00 €
3)	380.000,00 €	9)	63.230,00 €
5)	85.400,00 €	SB)	545.670,00 €
8)	190.000,00 €		
	830.100,00 €		**830.100,00 €**

Liquidations-Schlussbilanz:

AKTIVA			PASSIVA
Kassenbestand	66.330,00 €	Kapital Schneider	400.000,00 €
Bankguthaben	545.670,00 €	Kapital Schlecka	200.000,00 €
		Liquidationsgewinn	12.000,00 €
	612.000,00 €		612.000,00 €

Verteilung des Liquidationsgewinns:

Gesellschafter	Kapitalanteile	Teile	Liquidationsgewinn	zu zahlen aus	
				Kasse	Bank
Schneider	400.000,00 €	2	408.000,00 €	45.000,00 €	363.000,00 €
Schlecka	200.000,00 €	1	204.000,00 €	21.330,00 €	182.670,00 €
Summen	**600.000,00 €**	**3**	**612.000,00 €**	**66.330,00 €**	**545.670,00 €**

Buchungen der Auszahlung:

Kontenname	Wert		Kontenname	Wert
LAK	12.000 €	an	Kapital Schneider	8.000 €
			Kapital Schlecka	4.000 €

Kontenname	Wert		Kontenname	Wert
Kapital Schneider	408.000 €	an	Kasse	45.000 €
			Bank	363.000 €

Kontenname	Wert		Kontenname	Wert
Kapital Schlecka	204.000 €	an	Kasse	21.330 €
			Bank	182.670 €

Die Kapitalanteile für Schneider und Schlecka hätten auch auf einem Konto „Abwicklungskapital" zusammengefasst werden können.

Lösungen zu den Multiple-Choice-Fragen

C1 = c
C2 = b
C3 = a + d
C4 = a
C5 = a + b
C6 = a + c + d
C7 = a
C8 = a
C9 = b + c
C10 = b + c + d
C11 = b + d
C12 = b

4. Abschlüsse nach internationalen Standards

Lösung zu Verständnisaufgabe 1:

Lösungstext zu **a)**

Ein Abschluss nach IFRS hat die folgenden Zielsetzungen:

- Erleichterung der Vergleichbarkeit kapitalmarktorientierter Unternehmen weltweit,
- Verbesserung des Anlegerschutzes durch eine höhere Transparenz,
- Vertrauen in die Finanzmärkte und den freien Kapitalverkehr durch Informationsvergleich,
- Zulassung an den Börsen in der Welt und dadurch Erleichterung grenzüberschreitender Geschäfte.

Lösungstext zu **b)**

IFRIC interpretiert die Anwendung der IFRS zur Sicherstellung einer einheitlichen Auslegung und Anwendung der IFRS.
IASB bemüht sich schnell auf aktuelle wirtschaftliche Entwicklungen zu reagieren.

Lösungstext zu **c)**

Der **IFRS-Abschluss** (financial statements) besteht aus:

statement of financial position	Aufstellung der Vermögenslage
statement of comprehensive income	Aufstellung des umfassenden Ergebnisses
statement of changes in equity	Eigenkapitalveränderungsrechnung
statement of cash flows	Kapitalflussrechnung
notes	Anhang

Lösung zu Verständnisaufgabe 2:

Lösungstext zu **a)**

252 (1) HGB:

1. Prinzip der Bilanzidentität (Eröffnungsbilanz = Schlussbilanz)
2. Prinzip der Unternehmensfortführung (Going-Concern-Prinzip)
3. Stichtagsprinzip, Prinzip der Einzelbewertung
4. Vorsichtsprinzip, Wertaufhellungsprinzip, Realisationsprinzip, Imparitätsprinzip
5. Prinzip der Periodenabgrenzung
6. Stetigkeitsprinzip

Lösungstext zu **b)**

Gemäß § 256 Satz 2 HGB sind die Regelungen hinsichtlich des Festwertes (§ 240 Abs. 3 HGB) und der Durchschnittsbewertung (§ 240 Abs. 4 HGB) auch bei der Aufstellung des Jahresabschluss anzuwenden.

Lösungstext zu **c)**

Gemäß § 256 Satz 1 HGB gibt es als Bewertungsvereinfachungsverfahren noch das LIFO- und das FIFO-Verfahren.

Lösungstext zu **d)**

Im Steuerrecht gelten das Festwertverfahren, die Durchschnittsbewertung und das LIFO-Verfahren. Die FIFO-Verbrauchsfolgefiktion ist verboten (§ 6 (1) Nr. 2a EStG.

Lösungstext zu **e)**

Gemäß IAS 2.25+27 können Vorräte nach der Fifo-Methode und dem gewogenen Durchschnitt bewertet werden. Das Festwertverfahren ist nicht geregelt.

Lösung zu Verständnisaufgabe 3:

Lösungstext zu **a)**

Finanzinstrumente sind gem. IAS 39.43 grundsätzlich zu ihrem beizulegenden Zeitwert zu bewerten. Sie werden in den IFRS gemeinsam mit den finanziellen Verbindlichkeiten behandelt, weil ein finanzieller Vermögenswert der einen Vertragsseite immer auch eine finanzielle Verbindlichkeit der anderen Vertragsseite ist.

Lösungstext zu **b)**

Die **Kategorien von Finanzinstrumenten** nach IFRS:

Kategorie	Beispiel	Merkmale
At fair value	Aktien	kurzfristige Veräußerungsabsicht
Held to maturity	Renten	bestimmbarer Fälligkeitstermin, Absicht und Fähigkeit das Finanzinstrument bis zum Ende der Laufzeit zu halten
Loans and receivables	Termingelder	feste und bestimmbare Zahlungen, keine kurzfristige Veräußerungsabsicht
available for sale	Forderungen	alle übrigen finanziellen Vermögenswerte

Lösung zu Verständnisaufgabe 4:

Lösungen / Zuordnungen

A → 2

B → 1

C → 1

D → 4

E → 3

Lösung zu Verständnisaufgabe 5:

Lösung zu a)

Darstellung der Konzernbilanz:

Aktiva			**Passiva**
Anlagevermögen	600.000,00 €	Eigenkapital	500.000,00 €
Umlaufvermögen	160.000,00 €	Fremdkapital	260.000,00 €
	760.000,00 €		760.000,00 €

Forderungen (des Mutterkonzerns) an das Tochterunternehmen und Verbindlichkeiten (des Tochterunternehmens) gegenüber dem Mutterkonzern, dürfen im Konzernabschluss nicht erscheinen und müssen deshalb nach IAS 27.25 eliminiert werden.

Lösung zu b)

Bei einer Schuldenkonsolidierung finden nur gegenseitige schuldrechtliche Verpflichtungen zwischen den Konzernunternehmen Eingang,

Lösung zu Verständnisaufgabe 6:

Rechtsgrundlagen nach HGB	▪ nach § 240 Abs. 4 i.V.m, § 256 Satz 2 HGB Bewertung mit dem gewogenen Durchschnitt. ▪ Aufgrund der langen Lagerfähigkeit kann eine entsprechende Entnahme angenommen werden.
Grundlagen nach IFRS	▪ nach IAS 2.25 Bewertung mit der gewogenen Durchschnittsmethode oder nach dem FiFo-Verfahren.

Wertermittlung (Methode ▸ **Durchschnittsbewertung**)

	Datum	*in Kilogramm*	*Preis je Kilogramm*		
Anfangsbestand	01. Jan	**0**			
Zukauf	20. Mai	2.500	21,00 €	Kilogramm * Preis =	52.500,00 €
Zukauf	30. Aug	4.320	23,50 €	Kilogramm * Preis =	101.520,00 €
Zukauf	02. Sep	3.770	20,90 €	Kilogramm * Preis =	78.793,00 €
Endbestand	31. Dez	**2.560**			
SUMME in Kg aller Einkäufe		10.590		SUMME	232.813,00 €

Weitere Berechnung = $\frac{232.813\,€}{10.590\,Kg} = 21{,}98$ Euro je Kilogramm

$$2.560 \text{ Kg} * 21{,}90 \text{ Euro je Kilogramm} = 56.279{,}63\,€$$

Weitere mögliche Methoden der Bewertung:

- **Nach HGB**: Lifo-Methode oder auch FiFo-Methode
- **Nach IFRS**: FiFo-Methode

Lösung zu Verständnisaufgabe 7:

Sachverhalte	direkt im Eigenkapital zu erfassen (nicht ergebniswirksam)	Gewinn- und Verlustrechnung	sonstiges Ergebnis
1)	Erfassung von 1.000 Mio. Euro Eigenkapital als Gezeichnetes Kapital (100 Mio. Euro) und (Kapital-)Rücklage (900 Mio. Euro), IAS 1.109		
2)	Die Gewinnausschüttung mindert das Eigenkapital in Höhe von 50 Mio. Euro. Eigene Anteile sind nicht gewinnberechtigt, IAS 32.35		
3)	Abzug vom Eigenkapital, entweder in einer Summe oder von den Bestandteilen, IAS 32.33 – 8 Mio. Euro		
4)			Bei einem gestiegenen beizulegenden Zeitwert ist die Differenz von 40 Mio. Euro zum Buchwert im sonstigen Ergebnis zu erfassen und in der Neubewertungsrücklage zu kumulieren; IAS 16.39
5)		Der Rest von 10 Mio. Euro wird als kumulierte Wertminderung innerhalb der GuV erfasst, IAS 16.40	Bei einem geminderten beizulegenden Zeitwert ist die Neubewertungsrücklage zu reduzieren, hier: 40. Mio. Euro; IAS 16.40
6)		Der Beteiligungsertrag wird in der GuV erfasst, 20.000 Euro, IAS 32.35	

Lösung zu Prüfungsähnlicher Aufgabe 1:

Lösung zu **a)**

Normensetzende Instanz:

- Beim HGB ist die normensetzende Instanz das Parlament der Bundesrepublik Deutschland (als nationaler Gesetzgeber).
- Beim IFRS ist die normensetzende Instanz eine internationale private Rechnungslegungsinstitution (=IASB), welche von der EU bzgl. der gesetzten Standards anerkannt wird.

Rechnungslegungsziele:

- Beim HGB bestehend aus:
  - der Informationsfunktion,
  - der Steuerungs- und Ausschüttungsbemessungsfunktion und
  - der Gläubigerschutzfunktion.
- Beim IFRS nur bestehend aus der Vermittlung von Informationen für Investoren.

Dominierender Rechnungslegungsgrundsatz

- Beim HGB = Vorsichtsprinzip,
- Beim IFRS = periodengerechte Gewinnermittlung (accrual principle).

Bestandteile eines Konzernabschlusses

HGB	IFRS
▪ Bilanz, ▪ Gewinn- und Verlustrechnung, ▪ Anhang, ▪ Kapitalflussrechnung, ▪ Eigenkapitalspiegel	▪ Bilanz, ▪ Eigenkapitalveränderungsrechnung, ▪ Gesamtergebnisrechnung, ▪ Anhang, ▪ Kapitalflussrechnung

Lösung zu **b)**

Assets sind Ressourcen, über die das Unternehmen verfügen kann und aus denen in Zukunft wirtschaftlicher Nutzen erzielt werden kann.

Ein Asset darf nur dann angesetzt werden, wenn es wahrscheinlich (probable) ist, dass ein mit ihm verbundener zukünftiger wirtschaftlicher Nutzen dem Unternehmen zufließt und sich seine Kosten oder sein Wert verlässlich (with reliability) ermitteln lässt.

Zu einem Asset können auch gehören:

- selbst erstellte oder erworbene Sachanlagen,
- selbst erstellte oder erworbene immaterielle Vermögenswerte oder
- Geschäfts- oder Firmenwerte.

Lösung zu **c)**

Liabilities sind gegenwärtige Verpflichtungen eines Unternehmens gegenüber Dritten, welche aufgrund eines Ereignisses in der Vergangenheit entstanden sind und deren Erfüllung erwartungsgemäß zu einem Abfluss von Ressourcen führt, mit welchen ein wirtschaftlicher Nutzen verbunden wäre.

Liabilites werden nur in der Bilanz erfasst, wenn der Abfluss von Ressourcen mit wirtschaftlichen Nutzen (probable) ist und sich Kosten oder Wert verlässlich (with reliability) ermitteln lassen.

Lösung zu Prüfungsähnlicher Aufgabe 2:

Lösung zu **a)**

Zu Sachverhalt Nr. 1: Gemäß IAS 16.43 ist jede Komponente einer Sachanlage getrennt abzuschreiben. Der LKW wird hierzu in die folgenden zwei Komponenten unterteilt:

Komponente	Anteilige Anschaffungskosten	Nutzungsdauer	Abschreibung
Fahrwerk/Fahrerhaus	120.000 Euro	10 Jahre	12.000 Euro
Kühlmodul	80.000 Euro	8 Jahre	10.000 Euro
Planmäßige Abschreibung GESAMT			**22.000 Euro**

Zu Sachverhalt Nr. 3:

Bei der Wahl der Abschreibungsart soll immer der Verbrauch des wirtschaftlichen Nutzens berücksichtigt werden, IAS 16.60. Die außergewöhnlich starke Nutzung im Jahr 2014 ist bei der Wahl der Abschreibungsmethode zu berücksichtigen, es bietet sich die Abschreibung nach Leistung an.

Dabei ist der Anschaffungskostenbetrag durch die Gesamtanzahl der möglichen Kopien zu teilen bzw. zu dividieren:

$$\frac{12.000\ Euro}{200.000\ Euro\ je\ Kopie} = 0{,}06\ Euro\ je\ Kopie$$

Im Jahr 2014 sind die erbrachten 18.000 Kopien mit der Abschreibung pro Kopie zu multiplizieren:

$$18.000\ Kopien * 0{,}06\ Euro\ je\ Kopie = 1.080\ Euro\ Abschreibung$$

Lösung zu **b)**

Zu Sachverhalt Nr. 1: Die ermittelten planmäßigen Abschreibungen sind von den Anschaffungskosten abzuziehen:

Komponente	Anteilige Anschaffungskosten	Abschreibung	Bilanzansatz
Fahrwerk/Fahrerhaus	120.000 Euro	12.000 Euro	108.000 Euro
Kühlmodul	80.000 Euro	10.000 Euro	70.000 Euro
Planmäßige Abschreibung GESAMT	200.000 Euro	22.000 Euro	**178.000 Euro**

Zu Sachverhalt Nr. 3:

Anschaffungskosten	12.000 Euro
- planmäßige Abschreibung	- 1.080 Euro
= Bilanzansatz zum 31.12.	= 10.920 Euro

Lösung zu **a) und b)**

Zu Sachverhalt Nr. 2: Nach IAS 16.53 ist der Restwert bei der Bemessung der planmäßigen Abschreibung zu berücksichtigen:

	Berechnung der planmäßigen Abschreibung	Bestimmung des Buchwerts	
Anschaffungskosten	20.000 Euro	20.000 Euro	
- erwarteter Restwert	- 2.000 Euro		
= Bemessungsgrundlage	18.000 Euro		
Nutzungsdauer	6 Jahre		← a)
Jahresabschreibung	3.000 Euro		
Zeitanteilig $^7/_{12}$	1.750 Euro	- 1.750 Euro	← b)
Bilanzansatz	200.000 Euro	18.250 Euro	

Lösung zu Prüfungsähnlicher Aufgabe 3:

Bezeichnung	Rechtsgrundlage HGB	HGW-Werte in Euro	Rechtsgrundlage IFRS	IFRS-Werte in Euro
Aufwendungen für Konzeption eines internetbasierten Online-Shops	Aktivierungswahlrecht § 248 Abs. 2 Satz 2 HGB	60.000 Euro	Aktivierungs-Pflicht	60.000 Euro
Aufwendungen für das PC-Programm	Aktivierungswahlrecht § 248 Abs. 2 Satz 2 HGB	140.000 Euro	Aktivierungs-Pflicht	
Aufwendungen für Lizenz-Bezahlsystem	Aktivierungswahlrecht § 246 Abs. 1 HGB	50.000 Euro	Aktivierungs-Pflicht	
Aufwendungen für Testphase	Keine Aktivierung, weil Beginn erst in nächstem Jahr	0	Keine Aktivierung, weil Beginn erst in nächstem Jahr	
Summe		250.000 Euro		250.000 Euro

Lösungen nach HGB:

- Bei den eigenen Aufwendungen für die Konzeption des internetbasierten Online-Shops und das entwickelte Shopsystem ist zu prüfen, ob sie zu einem handelsrechtlichen Vermögensgegenstand führen. Selbst geschaffene immaterielle Vermögensgegenstände des Anlagevermögens können nach § 248 Abs. 2 Satz 1 HGB in die Bilanz aufgenommen werden (Aktivierungswahlrecht), wenn der Vermögensgegenstand im Unternehmen hergestellt wird.
- Das wesentliche Kriterium für das Vorliegen eines Vermögenswertes des Shopsystems ist die Einzelverwertbarkeit bzw. Veräußerbarkeit. Eine Aktivierung kommt ab Beginn der Entwicklungsphase in Betracht.
- Die Aufwendungen für die Konzeption des Onlineshops und das Shopsystem können als Entwicklungskosten qualifiziert werden, so dass eine Aktivierung nach § 248 Abs. 2 i. V. m. § 255 Abs. 2 a Satz 1 HGB mit den Herstellungskosten von 140.000 Euro in Betracht kommt.
- Für das Bezahlsystem besteht eine Aktivierungspflicht. Die Lizenz ist im Anlagevermögen unter den immateriellen Vermögensgegenständen (§ 266 Abs. 2 A.I. 2 HGB) auszuweisen. Der Ansatz erfolgt zu den Anschaffungskosten gemäß § 253 Abs. 1 i.V.m. § 255 Abs. 1 HGB in Höhe von 50.000 Euro.
- Der Ansatz erfolgt mit den Anschaffungskosten gemäß § 253 Abs. 1 i.V.m. § 255 Abs. 1 HGB in Höhe von 250.000 Euro.
- Der Ausweis erfolgt unter dem Posten „selbst geschaffene, gewerbliche Schutzrechte und ähnliche Rechte und Werte" (§ 266 Abs. 2 A.I.1. HGB).

Lösungen nach IFRS:

- Immaterielle Vermögenswerte sind nach IAS 38.6. identifizierbare, nicht monetäre Vermögenswerte ohne physische Substanz.
- Bilanzierungskriterien sind die Identifizierbarkeit, die Verfügungsgewalt über die Ressource und das Bestehen eines künftigen wirtschaftlichen Nutzens.
- Für selbst erstellte immaterielle Vermögenswerte gelten darüber hinaus die in IAS 38.57 kumulativ zu erfüllende Werte:
    1. Technische Realisierbarkeit,
    2. Absicht der Fertigstellung,
    3. Fähigkeit zur eigenen Nutzung oder zur Veräußerung,
    4. Nachweis eines zukünftigen Nutzenzuflusses,
    5. Verfügbarkeit ausreichender Ressourcen zur Fertigstellung,
    6. zuverlässige Bewertbarkeit

Im Unterschied zur HGB-Lösung besteht nach IFRS bei Vorliegen sämtlicher Kriterien eine Aktivierungspflicht für die Konzeption und die Umsetzung der Konzeption.

Die Kriterien erscheinen erfüllt. Die Aktivierung mit Herstellungskosten erfolgt erstmals zu dem Zeitpunkt, in dem sämtliche Aktivierungskriterien erfüllt sind (IAS 38.65).

Die erworbene Lizenz für das Bezahlsystem erfüllt die Voraussetzungen und ist mit den Anschaffungskosten, d.h. mit dem Anschaffungspreis zuzüglich aller direkt zurechenbaren Kosten (IAS 38.27), zu erfassen (25.000 Euro).

Der Ansatz erfolgt bei der Erstbewertung mit den Herstellungskosten. Am Stichtag (31.12) sind 250.000 Euro angefallen.

Lösung zu Prüfungsähnlicher Aufgabe 4:

Lösung zu **a)**

Das HGB unterscheidet die Zusammensetzung der Anschaffungskosten und der Herstellungskosten. Die Bestandteile der Anschaffungskosten sind in § 255 Abs. 1 HGB, die Bestandteile der Herstellungskosten der Sachanlage und der immateriellen Vermögensgegenständen in § 255 Abs. 2 und Abs. 3 HGB geregelt.

Die Bestandteile der Anschaffungskosten sind:

- die Aufwendungen, welche geleistet werden, um einen Vermögensgegenstand zu erwerben,
- Anschaffungsnebenkosten,
- Kosten zur Herstellung eines betriebsbereiten Zustandes,
- nachträgliche Anschaffungskosten,

soweit sie dem Vermögensgegenstand einzeln zugeordnet werden können.

Anschaffungspreisminderungen müssen abgesetzt werden.

Nicht zu den Anschaffungskosten gehören z. B.:

- Kosten des Fremdkapitals,
- Anschaffungsgemeinkosten,
- abziehbare Vorsteuer (§ 9 b EStG).

Die Bestandteile der Herstellungskosten sind:

§ 255 Abs. 1 S. 2 HGB	
Materialeinzelkosten	
+ Fertigungseinzelkosten	
+ Sondereinzelkosten der Fertigung	
+ notwendige Materialgemeinkosten	Pflicht
+ notwendige Fertigungsgemeinkosten	
+ Werteverzehr des Anlagevermögens, das dem Material- und Fertigungsbereich dient.	
= **Untergrenze**	

§ 255 Abs. 2 S. 3 HGB	
+ Kosten der allgemeinen Verwaltung	
+ Aufwendungen für soziale Einrichtungen des Betriebes	
+ Aufwendungen für freiwillige soziale Leistungen	Wahlrecht
+ Aufwendungen für betriebliche Altersversorgung	

§ 255 Abs. 3 S. 2 HGB	
+ bestimmte Fremdkapitalzinsen	Wahlrecht
= Obegrenze	

§ 255 Abs. 2 S. 4 HGB	
> Forschungs- und Vertriebskosten	Verboten!

Lösung zu **b)**

Bestandteile der Anschaffungs- oder Herstellungskosten (IAS 16.16)

Die Anschaffungs- oder Herstellungskosten einer Sachanlage umfassen:

- Erwerbspreis einschließlich Einfuhrzölle und nicht erstattungsfähiger Umsatzsteuern nach Abzug von Rabatten, Boni und Skonti,
- alle direkt zurechenbaren Kosten, welche anfallen, um den Vermögenswert zu dem Standort und in den erforderlichen, vom Management beabsichtigten betriebsbereiten Zustand zu bringen,
- die erstmalig geschätzten Kosten für den Abbruch und die Beseitigung des Gegenstandes und die Wiederherstellung des Standortes, an dem er sich befindet, die Verpflichtung, welche ein Unternehmen
  - entweder bei Erwerb des Gegenstands oder
  - als Folge eingeht, wenn es den Gegenstand während einer gewissen Periode zu anderen Zwecken als zur Herstellung von Vorräten benutzt hat.

Beispiele für direkt zurechenbare Kosten (IAS 16.17):

- Kosten für Leistungen an Arbeitnehmer, welche direkt aufgrund der Herstellung oder Anschaffung der Sachanlage anfallen,
- Kosten der Standortvorbereitung,
- Kosten der erstmaligen Lieferung und Verbringung,
- Installations- und Montagekosten,
- Kosten für Testläufe, mit denen überprüft wird, ob der Vermögenswert ordentlich funktioniert,
- Honorare.

Fremdkapitalkosten

- Fremdkapitalkosten, welche direkt dem Erwerb, dem Bau oder der Herstellung eines qualifizierten Vermögenswertes zugeordnet werden können, sind als Teil der Anschaffungs- oder Herstellungskosten diese Vermögenswertes zu aktivieren (IAS 23.8),
- Keine AK/HK (IAS 16.19).

Beispiele für Kosten, welche nicht zu den Anschaffungs- oder Herstellungskosten von Sachanlagen gehören:

- Kosten für die Eröffnung einer neuen Betriebsstätte,
- Kosten für die Einführung eines neuen Produktes oder einer neuen Dienstleistung (einschließlich Kosten für Werbung und verkaufsfördernde Maßnahmen),
- Kosten für die Geschäftsführung in einem neuen Standort oder für eine neue Kundengruppe (einschließlich Schulungskosten),
- Verwaltungs- und andere allgemeine Gemeinkosten.

Lösung zu Prüfungsähnlicher Aufgabe 5:

Lösung zu **a)**

Nach IFRS ist eine Rückstellung zu bilden, wenn folgende Voraussetzungen erfüllt werden:

- Aus einem Ereignis der Vergangenheit entsteht eine Verpflichtung in der Gegenwart,
- die Eintrittswahrscheinlichkeit ist höher als 50%,
- die zu einem wahrscheinlichen Abfluss von Ressourcen führt und
- für die eine verlässliche Schätzung der Höhe möglich ist.

Lösung zu **b)**

b1)

- Es handelt sich hierbei um eine Außenverpflichtung aus einem vergangenen Ereignis. Das Unternehmen kann sich hiervon nicht entziehen.
- Die Wahrscheinlichkeit einer Inanspruchnahme beträgt 100%.
- Die Höhe lässt sich aufgrund des Kostenvoranschlags verlässlich ermitteln.
- Es muss eine Rückstellung von 3.000 Euro gebildet werden.

b2)

- Es handelt sich hierbei um eine Außenverpflichtung aus einem vergangenen Ereignis. Das Unternehmen kann sich hiervon nicht entziehen.
- Der Schaden ist allerdings erst im aktuellen Jahr entstanden und damit handelt es sich am Abschlussstichtag nicht um ein Ereignis aus der Vergangenheit.
- Der Aufwand darf nicht als Rückstellung im Jahresabschluss des letzten Jahres erfasst werden.

b3)

- Es besteht keine Außenverpflichtung, sondern lediglich eine gegen das Unternehmen selbst (=Innenverpflichtung).
- Für Innenverpflichtungen darf nach IFRS keine Rückstellung gebildet werden.

Lösung zu Prüfungsähnlicher Aufgabe 6:

Lösung zu **a)**

Nach IFRS 3.32 errechnet sich der Geschäfts- oder Firmenwert der Tropenfrucht GmbH bei der Frisch Frucht AG als Differenz aus dem Kaufpreis (64 Mio. Euro) und dem anteiligen Nettovermögen (Eigenkapital) der Tropenfrucht AG:

	Gegenleistung für den Erwerb der Tropenfrucht GmbH	64 Mio. Euro
-	anteiliges Nettovermögen (100%) der Tropenfrucht GmbH zum beizulegenden Zeitwert	30 Mio. Euro
=	Geschäfts- oder Firmenwert	34 Mio. Euro

Lösung zu **b)**

Nicht beherrschende Anteile sind in der Konzernbilanz innerhalb des Eigenkapitals, aber getrennt vom Eigenkapital der Anteilseigner der Frisch Frucht AG auszuweisen, IAS 1.54 (q)

Lösungen zu den Multiple-Choice-Fragen

D1 = a

D2 = b

D3 = a + c + d

D4 = a

D5 = b

D6 = b

D7 = b

D8 = b

D9 = a + c

D10 = a + c

D11 = b + c

D12 = d

5. Steuerrecht / Betriebliche Steuerlehre

Lösung zu Verständnisaufgabe 1:

Lösung zu **a)**

Die Steuerschuld ist eine durch das Gesetz begründete Pflicht zur Zahlung von Steuern. Aus dieser gesetzlichen Verpflichtung ergeben sich weitere Verpflichtungen, wie z. B. Mitwirkungs-, Erklärungs- und Buchführungsverpflichtungen.

Lösung zu **b)**

Steuerart	**Steuerhoheit**				Steuerobjekt		
	Gemeinschaft-steuer	Bund	Länder	Gemeinde	Besitzsteuer	Verkehr-steuer	Verbrauch-steuer
Einkommensteuer	**x**				**x**		
Lohnsteuer	**x**				**x**		
Körperschaftsteuer	**x**				**x**		
Gewerbesteuer				**x**	**x**		
Umsatzsteuer	**x**					**x**	
Grundsteuer				**x**	**x**		
Grunderwerbsteuer			**x**			**x**	
Erbschaft- und Schenkungsteuer			**x**			**x**	
KfZ-Steuer		**x**				**x**	
Tabaksteuer		**x**					**x**

Lösung zu Verständnisaufgabe 2:

Lösung zu **a)**

Entstehung:

Die Grunderwerbssteuer fällt an beim Erwerb von

- **unbebauten Grundstücken**,
- **bebauten Grundstücken**,
- **Gebäuden** oder **Gebäudeteilen** und
- **Rechte an Grundstücken und/oder Gebäuden**.

Wichtig: Voraussetzung ist, dass Grundstücke oder Gebäude im Inland liegen (§ 1 Abs. 1 GrEStG)

Fälligkeit:

- wird einen Monat nach Bekanntgabe (des rechtskräftigen Erwerbsvorgangs) fällig

Lösung zu **b)**

Unterschied zwischen **Grundsteuer** und **Grunderwerbssteuer**

- Die **Grunderwerbssteuer** fällt einmalig bei einer Kauf- oder Verkaufstransaktion an. **Bemessungsgrundlage** ist der Wert der Gegenleistung (z. B. Kaufpreis).
- Die **Grundsteuer** fällt in regelmäßigen Zeitabständen immer wieder statt. **Bemessungsgrundlage** für die Berechnung ist der von der Finanzverwaltung festgesetzte Einheitswert.

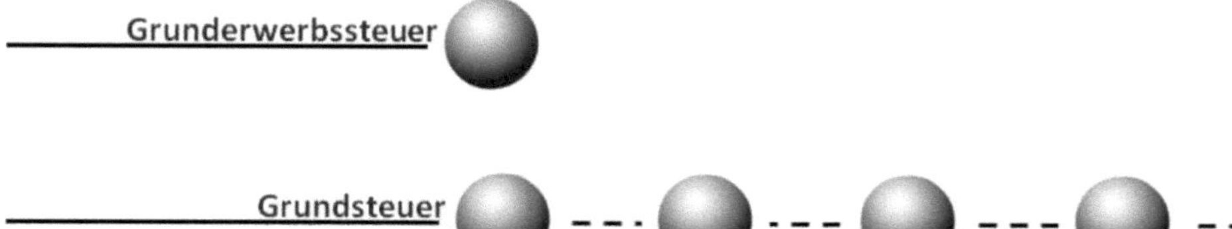

Lösung zu **c)**

Berechnung Grundsteuer

Schritt 1

$$Festgesetzter\ Einheitswert * Steuermesszahl = Steuermessbetrag$$

Schritt 2

$$Steuermessbetrag * Hebesatz\ der\ Gemeinde = zu\ zahlende\ Grundsteuer$$

Berechnung Grunderwerbssteuer

$$Wert\ der\ Gegenleistung * Steuersatz = zu\ zahlende\ Gewerbesteuer$$

Lösung zu Verständnisaufgabe 3:

	steuerbar	nicht steuerbar	steuerpflichtig	Umsatzsteuer abführen bis zum....
Verkauf einer Maschine an das Unternehmen B in Stuttgart für 80.000 € netto; Unternehmen B holt die Maschine am 12. Oktober in Frankfurt ab	**X**		**X**	**10. Nov**
Vermietung einer Maschine vom 1. Oktober bis 5. November an den Unternehmer C aus Frankreich, welcher die Maschine aber in Deutschland verwendet. Die Miete beträgt 7.000 € im Monat.		**X**		
Verkauf einer Maschine an das Unternehmen D in Dänemark für 2.500 €. Die Maschine wurde am 30. November versendet.	**X**		**X**	
Erhalt einer Versicherungsentschädigung in Höhe von 9.000 €. Dem Unternehmen wird diese Summe ausgezahlt am 05. Mai		**X**		
Erbrachte Dienstleistung an das Unternehmen B in Stuttgart wird mit 5.000 € berechnet. Die Rechnungsstellung erfolgt am 13. April	**X**		**X**	**10. Mai**

Lösung zu Verständnisaufgabe 4:

Gewinn aus Gewerbebetrieb (vor der GewSt)		250.000,00 €
Zinsen		10.000,00 €
Grundbesitz der Betriebsgrundstücke	1,2% Wert von 80.000 € * 140%	1.344,00 €
Gewinn aus einer 5% oHG-Beteiligung		6.000,00 €
Gewerbeertrag		267.344,00 €
Rundung auf volle 100 Euro		267.300,00 €
Steuermesszahl 3,5% = Steuermessbetrag	267.300 * 3,5%	9.355,50 €
Hebesatz (450%)	9.335,50 € * 450%	42.099,75 €

Lösung zu Verständnisaufgabe 5:

Lösung zu **a)**

Die B-GmbH und die C-GmbH sind in die A-GmbH auf Grund unmittelbarer Beteiligung von jeweils 100% finanziell eingegliedert. Die A-GmbH ist jedoch an der D-GmbH hierbei nicht unmittelbar beteiligt. Die A-GmbH kann als Organträger definiert werden.

Die Zusammenrechnung der mittelbaren Beteiligung über die B-GmbH (50%) und die C-GmbH (50%) führt aber zu einer finanziellen Eingliederung der D-GmbH in die A-GmbH. Alle aufgezeigten Unternehmen (außer die A-GmbH) können hierbei als Organgesellschaften definiert werden.

Lösung zu **b)**

Liegen die Tatbestandsvoraussetzungen einer körperschaftsteuerlichen Organschaft vor, so ist nach § 14 Abs. 1 Satz 1 KStG das Einkommen dem Träger des Unternehmens zuzurechnen.

Lösung zu Verständnisaufgabe 6:

Lösung zu **a)**

Erklärung: Durch eine **Organschaft** werden rechtlich selbstständige Unternehmen, welche eine Beteiligung in Form einer Organschaft eingehen, steuerlich als eine Einheit betrachtet. Ziel ist es hierbei, die wirtschaftliche Verbundenheit bei der Besteuerung zu berücksichtigen. § 14 – 17 KStG.

Voraussetzungen:

- **Organgesellschaft** kann nur eine Kapitalgesellschaft sein und Sitz sowie Geschäftsleitung muss im Inland sein.
- **Organträger** kann eine unbeschränkt steuerpflichtige natürliche Person, eine nicht steuerbefreite Körperschaft, Personenvereinigung oder Personengesellschaft sein.
- **Finanzielle Eingliederung**: Der Organträger ist an der Organgesellschaft gem. § 271 Abs. 1 HGB beteiligt und verfügt über die Mehrheit der Stimmrechte gem. § 14 Abs. 1 Satz 1 Nr. 1 KStG.
- **Ergebnisabführungsvertrag**: Alle Gewinne der Organgesellschaft werden an den Organträger abgeführt und Verluste der Organgesellschaft werden durch den Organträger übernommen. Die

Mindestlaufzeit des Ergebnisabführungsvertrags muss fünf Jahre betragen gem. § 14 Abs. 1 Satz 1 Nr. 3 KStG.

Folgen:

- Zuerst wird das körperschaftssteuerliche Einkommen der Organgesellschaften einzeln ermittelt.
- Durch die KSt. Organschaft besteht die Möglichkeit, Verluste auf die Muttergesellschaft zu verrechnen und damit steuermindernd nutzbar zu machen. Die Organgesellschaft hat zur Folge, dass dem Organträger das Einkommen der untergeordneten Organgesellschaft zugeordnet wird.

Lösung zu **b)**

	Ohne Organschaft		Mit Organschaft	
	KSt-Gewinn	KSt-Steuer		KSt-Steuer
Aurelis AG	500.000 € * 0,15	75.000 €	500.000 €	
Aurelis 1 GmbH	500.000 € * 0,15	75.000 €	500.000 €	
Aurelis 2 GmbH			./. 100.000 €	
Summe		150.000 €	900.000 € * 0,15	135.000 €

Lösung zur Verständnisaufgabe 7:

Für die Berechnung der Einkommensteuer wird die Summe der Einkünfte berechnet:

Einkünfte aus dem Gewerbebetrieb		25.000,00 €
Einkünfte aus dem Kapitalvermögen	4.500,00 €	
Abzüglich Sparerfreibetrag	- 801,00 €	3.699,00 €
Einkünfte aus Vermietung und Verpachtung		5.000,00 €
Summe der Einkünfte		**33.699,00 €**

Weil in der Aufgabe keine weiteren Angaben zu Sonderausgaben oder außergewöhnlichen Belastungen gemacht wurden, beträgt das zu versteuernde Einkommen von Herrn Yilmaz nun 33.699 Euro.

Bei einem Steuersatz von 15% beträgt die festzusetzende Einkommensteuer:

33.699 Euro * 15%	5.054,85 €
darauf ein Solidaritätszuschlag von 5,5%	278,00 €
Einkommenssteuer	**5.332,85 €**

Die von der Bank einbehaltene und an das Finanzamt abgeführte Abgeltungssteuer beträgt:

3.699 Euro * 25%	924,75 €
darauf ein Solidaritätszuschlag von 5,5%	50,85 €
Abgeltungssteuer	**975,60 €**

Weil Herr Yilmaz mit seinem persönlichen Steuersatz von 15% unter dem Steuersatz der Abgeltungssteuer liegt, empfiehlt es sich, die Einkünfte aus Kapitalvermögen in der Einkommenssteuererklärung anzugeben, weil die einbehaltene Abgeltungssteuer wie eine gezahlte Einkommenssteuer bewertet wird.

Festzusetzende Einkommenssteuer	5.332,85 €
Abgeltungssteuer	- 975,60 €
Gesamtbelastung für Herrn Yilmaz	**4.357,25 €**

Lösung zu Prüfungsähnlicher Aufgabe 1:

Lösung zu **a)**

Lösung zu a1)

- **Einkommenssteuer**,
- **Solidaritätszuschlag** und
- **Gewerbesteuer**.

Lösung zu a2)

12.526,31 Euro – 10% Rabatt = 11.273,68 Euro

$$\frac{11.273{,}68\ Euro}{1{,}19} * 0{,}19 = 1.800\ Euro$$

Lösung zu a3)

Anschaffungskosten netto	9.473,68 €
lineare AFA (§ 7 Abs. 1 Satz 4 EStG), zeitanteilig für 6 Monate	947,37 €
Buchwert zum 31. Dezember	**8.526,31 €**

Lösung zu a4)

Bei Bezug der Maschine von einem Hersteller aus der EU hätte Herr Klein einen innergemeinschaftlichen Erwerb (gemäß § 1a UStG)(. Der Ort wäre nach § 3d UStG in Frankfurt. Der Vorgang wäre somit in Deutschland besteuerbar und auch steuerpflichtig. Auf der in der Rechnung gestellten (Netto-)Betrag müsste Herr Klein deutsche Umsatzsteuer anmelden und hätte unter den Voraussetzungen des § 15 UStG den Vorsteuerabzug.

Lösung zu **b)**

Lösung zu b1)

Bruttodividende	16.000,00 €
Kapitalertragssteuer 25%	4.000,00 €
Solidaritätszuschlag 5,5%	220,00 €
Auszahlungsbetrag (Nettodividende)	**11.780,00 €**

11.780 Euro entsprechen 73,625%

Lösung zu b2)

40% der Bruttodividende sind nach § 3 Nr. 40d EStG = 6.400 Euro steuerfrei

Die Kapitalertragssteuer und der Solidaritätszuschlag werden auf die Einkommenssteuer von Herrn Klein angerechnet.

Lösung zu Prüfungsähnlicher Aufgabe 2:

Für die Ermittlung der Körperschaftssteuer muss zuerst der Gewinn ermittelt werden:

Position	Berechnung	Wert
Betriebseinnahmen im Jahr		**900.000,00 €**
Monatliche Einnahmen aus Vermietung eines betrieblichen Grundstücks	3.000 x 12 Monate	36.000,00 €
Zinseinnahmen aus einem betrieblichen Bankguthaben		1.400,00 €
Einnahmen GESAMT		**937.400,00 €**
Wareneinkäufe im Jahr		200.000,00 €
Löhne und Gehälter pro Monat	15.000 x 12 Monate	180.000,00 €
Sozialabgaben für Krankenkassen pro Monat	3.500 x 12 Monate	42.000,00 €
Pachtzahlungen für betriebliche Räume pro Monat	1.500 x 12 Monate	18.000,00 €
Jährliche Abschreibungen für das Anlagevermögen		20.000,00 €
Wertberichtigung einer Forderung eines Kunden		6.000,00 €
Leasingraten für PKW pro Monat	500 x 12 Monate	6.000,00 €
Rückzahlung eines Darlehens (davon Zinsen 6.000 Euro und Tilgung von 10.000 Euro) im Jahr	Die Tilgung wird nicht als Ausgabe berücksichtigt	6.000,00 €
Sonstige Betriebsausgaben pro Monat	25.000 x 12 Monate	300.000,00 €
Ausgaben für einen maßgeschneiderten Anzug für den Geschäftsführer der GmbH	Dieser Fall findet keine Berücksichtigung	- €
Ausgaben GESAMT		**778.000,00 €**
GEWINN		**159.400,00 €**

Berechnung der Körperschaftssteuer:

159.400 Euro x 15% = 23.910 Euro

Nach dem Solidaritätszuschlagsgesetz wird auf die berechnete Steuer 5,5% berechnet.

23.910 Euro x 5% = 1.315,05 Euro

Zusammen ergibt die Steuerbelastung im Rahmen der Körperschaftssteuer insgesamt 25.225,05 Euro

Lösung zu Prüfungsähnlicher Aufgabe 3:

Lösung zu **a)**

Fall 1	Unterlassene Aufwendungen für Instandhaltung, die im Folgejahr innerhalb von drei Monaten nachgeholt werden. Handelsrecht: **Passivierungspflicht der Rückstellungen** Steuerrecht: **Passivierungspflicht der Rückstellungen**
Fall 2	Unterlassene Aufwendungen für Instandhaltung, die im Folgejahr innerhalb von drei Monaten nachgeholt werden. Handelsrecht: **Passivierungspflicht der Rückstellungen (BilMoG)** Steuerrecht: **Passivierungspflicht der Rückstellungen**
Fall 3	Die Mieteinnahmen betreffen das Folgejahr und sind somit nach Handelsrecht und Steuerrecht als **Rechnungsabgrenzungsposten** auf der Passivseite der Bilanz auszuweisen.

Lösung zu **b)**

Berechnung

Gewerbeertrag * Steuermesszahl
20.000 Euro * 3,5% = 700 Euro
Hebesatz (350%) = 2.450 Euro

Der **Gewerbesteuernachzahlbetrag** beträgt 2.450 Euro

Lösung zu **c)**

Die Gewerbesteuernachzahlung ist seit 2008 eine nichtabzugsfähige Betriebsausgabe. Sie wird nicht in der Bilanz hinzugerechnet.

Lösung zu **d)**

Rückstellungen sind Aufwand und mindern den Gewinn (außer im Fall der Gewerbesteuer) sowie die zu leistende Ertragssteuer. Rückstellungen sind Schulden und daher dem Fremdkapital zuzurechnen.

Lösung zu Prüfungsähnlicher Aufgabe 4:

Lösung zu **a)**

	Unbeschränkte Befugnis	Beschränkte Befugnis	Keine Befugnis
Notar		X	
Wirtschaftsprüfer	X		
Steuerfachangestellte/r			X
Lohnsteuerhilfeverein		X	
Vereidigter Buchprüfer	X		
Rechtsanwalt	X		
Steuerberater	X		
Rechtsanwalt und Steuerberater in einer gemeinsamen Partnergesellschaft	X		
Steuerfachwirt			X
Unternehmensberater			X
Arbeitgeber			X

Lösung zu **b)**

	vereinbar	nicht vereinbar
Steuerberater A übernimmt die Aufgabe eines Insolvenzverwalters		X
Steuerberater B beteiligt sich als Gesellschafter an einer oHG		X
Steuerberater C ist Kassenwart eines Basketballvereins	X	
Steuerberater D vertritt einen Mandanten in einem Steuerstrafverfahren		X
Steuerberater E berät einen Mandanten bei der Umstellung seiner betrieblichen Organisation auf EDV	X	
Steuerberater F ist Herausgeber eines Steuerfachlehrbuchs	X	
Steuerberater G möchte eine Immobilienagentur betreiben, welche er von einem Bekannten übernehmen kann		X

Lösung zu Prüfungsähnlicher Aufgabe 5:

Lösung zu **a)**

- Die Körperschaftssteuer beträgt 15% von 1.500.000 Euro = **225.000 Euro**
- Der Solidaritätszuschlag beträgt 5,5% von 225.000 Euro = **12.375 Euro**
- Die Gewerbesteuer beträgt
  1.500.000 Euro * Steuermesszahl von 3,5% * 490% Hebesatz = **257.250 Euro**.

Lösung zu **b)**

Durch den jährlichen Zinsaufwand kommt es hierbei nach § 8 Nr. 1 GewStG zu folgender Hinzurechnung zum Gewerbeertrag:

500.000 Euro
\- 100.000 Euro Freibetrag
= **400.000 Euro**

davon 25% = **100.000 Euro Hinzurechnung**.

- Daraus ergibt sich die folgende Gewerbesteuer:
  1.600.000 Euro * Steuermesszahl von 3,5% * 490% Hebesatz = **274.400 Euro**.
- Die jährliche gewerbesteuerliche Mehrbelastung beträgt somit **17.150 Euro**.

Lösungstext zu **c)**

Die Axxanos GmbH ist Unternehmerin nach § 2 UStG. Die Warenlieferungen der Axxanos GmbH an die Axxanos Hungary Kkt. sind steuerbar, weil der Ort der Lieferungen sich nach § 3 Abs. 6 UStG im Inland befindet. Diese Lieferungen sind jedoch nach § 4 Nr. 1 b.i.V.m. § 6 a UStG als innergemeinschaftliche Lieferung umsatzsteuerfrei.
Es ist eine zusammenfassende Meldung, § 18 a UStG, zu erstellen, in welcher alle Warenlieferungen in das EU-Ausland zu melden sind.

Lösung zu Prüfungsähnlicher Aufgabe 6:

zu a) Der Grundstückserwerb von der Ehefrau ist von der Besteuerung ausgenommen: § 3 Nr. 4 GrEStG

zu b) Die Abgabe des Meistgebotes in Höhe von 4.000 Euro mit Zuschlag im Zwangsversteigerungsverfahren ist ein Erwerbsvorgang und führt damit zur Besteuerung. Rechtsgrundlage: § 1 Abs. 1 Nr. 4 GrEstG

zu c) Die Grundstücksschenkung von der eigenen Mutter ist von der Besteuerung ausgenommen. Rechtsgrundlage: § 3 Nr. 2 GrEStG.

Lösung zu Prüfungsähnlicher Aufgabe 7:

Lösung zu **a)**

Sofortabschreibung (§ 6 Abs. 2 EStG) oder Abschreibung über die Nutzungsdauer (§ 7 EStG).

Lösung zu **b)**

Bei der Anschaffung

Kontenname	Wert
Geringwertige WG	100 Euro
Vorsteuer	19 Euro

an

Kontenname	Wert
Verbindlichkeiten	119 Euro

Am Jahresende

Kontenname	Wert
Abschreibung auf GWG	100 Euro

an

Kontenname	Wert
Geringwertige WG	100 Euro

<u>oder</u>

Bei der Anschaffung

Kontenname	Wert
BuGA	100 Euro
Vorsteuer	19 Euro

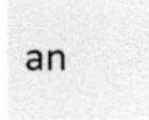
an

Kontenname	Wert
Verbindlichkeiten	119 Euro

Am Jahresende

Kontenname	Wert
Abschreibungen	20 Euro

an

Kontenname	Wert
BuGA	20 Euro

Lösung zu **c)**

Seit 2008 sind Sofortabschreibungen nur noch bis zu Anschaffungskosten von 150 Euro möglich. Anschaffungen zwischen 150 Euro und 1.000 Euro müssen zwingend über 5 Jahre mit einer jährlichen Poolbildung abgeschrieben werden.

Lösung zu Prüfungsähnlicher Aufgabe 8:

Lösung zu **a)**

Folgen für die Organgesellschaft:

- Das Einkommen muss nicht mehr selbst versteuert werden,
- Verluste aus der Zeit vor der Organschaft mit nicht erzielten Gewinn gem. § 10d EStG dürfen verrechnet werden,
- Eine Zinsschranke gem. § 4h EStG i.V.m. § 15 Satz 1Nr. 3 KStG ist nicht anzuwenden, weil Organträger und Organgesellschaft als ein Betrieb zu sehen sind. Die Freigrenze gilt nicht pro Organgesellschaft.

Lösung zu **b)**

	Ohne Organschaft	**Mit Organschaft**
Aurelis AG als **Organträgerin**	200.000 € Gewinn * 15% KSt. = **30.000 €**	200.000 Gewinn
Aurelis Produktions GmbH als **Organgesellschaft 1**	200.000 € Gewinn * 15% KSt. = **30.000 €**	200.000 Gewinn
Aurelis Logistik GmbH als **Organgesellschaft 2**	300.000 € Gewinn * 15% KSt. = **0 €**	300.000 Verlust
KSt - Aufwand in der Summe	**60.000 €**	= 100.000 € * 15% KSt. = **15.000 €**

Lösung zu Prüfungsähnlicher Aufgabe 9:

Lösung zu **a)**

Verkürzte Gewinn- und Verlustrechnung (nach Steuerrecht) vom 1. Januar bis 31. Dezember 2015

	Vorspalte	e.K. (€)	Vorspalte	GmbH (€)
Umsatzerlöse	2.600.000,00 €	D	2.600.000,00 €	
Sonstige betriebliche Erträge	100.000,00 €		100.000,00 €	
Gesamtleistung		2.700.000,00 €		2.700.000,00 €
Materialaufwand		750.000,00 €		750.000,00 €
Personalaufwand		**1.234.000 €**		
davon Gehälter Mitarbeiter	1.234.000,00 €		12.340.000,00 €	
davon Gehälter Willi Schmidt	**0**		**150.000 €**	
davon Beiträge Unterstützungskasse Schmidt	**0**		**18.000 €**	
davon Zuschuss private Krankenversicherung Schmidt	**0**		**3.000 €**	
Abschreibungen auf immaterielle Vermögensgegenstände des Anlagevermögens und Sachanlagen		50.000,00 €		50.000,00 €
Sonstige betriebliche Aufwendungen		360.000,00 €		360.000,00 €
Zinsen und ähnliche Aufwendungen		35.000,00 €		35.000,00 €
JAHRESÜBERSCHUSS		**271.000 €**		**100.000 €**

Lösung zu **b)**

Berechnung Gewerbesteuer	e.K.	GmbH
Gewerbeertrag (§ 7 GewStG)	271.000,00 €	100.000,00 €
Hinzurechnung zum Gewerbeertrag	4.300,00 €	4.300,00 €
= Maßgeblicher Gewerbeertrag	275.300,00 €	104.300,00 €
abzgl. Freibetrag (§ 11 GewStG)	- 24.500,00 €	- €
= Gekürzter Gewerbeertrag	250.800,00 €	104.300,00 €
Festsetzung des Steuermessbetrages (Steuermesszahl 3,50%)	8.778,00 €	3.651,00 €
Steuerschuld (Hebesatz 400%)	35.112,00 €	14.602,00 €
Steuerbelastungsvergleich 2016	**e.K.**	**GmbH**
Steuerliche Belastung des Unternehmens		
Gewerbesteuer	35.112,00 €	14.602,00 €
Körperschaftssteuer	- €	15.000,00 €
Solidaritätszuschlag	- €	825,00 €
= Summe Gesellschaft	35.112,00 €	30.427,00 €
Steuerliche Belastung des Unternehmers (Vollausschüttung)		
Einkommenssteuer auf Gewinn aus Gewerbebetrieb	113.820,00 €	- €
Einkommenssteuer auf Einkünfte aus unselbstständiger Arbeit (Geschäftsführer)	- €	63.000,00 €
Einkommenssteuer auf Einkünfte aus Kapitalvermögen	- €	17.532,00 €
Solidaritätszuschlag (5,5%)	6.260,00 €	4.429,00 €
Gewerbesteuer-Anrechnung (§ 35 a EStG)	- 33.356,00 €	- €
= Summe Unternehmer	86.724,00 €	84.961,00 €
Steuerliche Belastung GESAMT (Unternehmen + Unternehmer)	121.836,00 €	115.388,00 €
Mehrbelastung	**6.448,00 €**	

◂ 271.000 € * 42%

◂ 150.000 € * 42%

◂ 100.000 € - 30.427 € Steuer bei der GmbH = 69.573 * 60% (Teileinkünfte-verfahren) = 41.743,80 € * 42% ESt.

◂ 5,5% auf 113.820 / 5,5% auf 63.000 + 17.532

◂ 8.778 € Messbetrag * Faktor 3,8

Lösung zu Prüfungsähnlicher Aufgabe 10:

Lösung zu **a)**

Man unterscheidet zwischen:

- der **Ist-Versteuerung** und
- der **Soll-Versteuerung**.

Unterscheidung im Detail:

Ist-Versteuerung	Soll-Versteuerung
Besteuerung nach **vereinnahmten** Entgelten	Besteuerung nach **vereinbarten** Entgelten

Zur **Ist-Versteuerung**:
Die Entstehung der Steuer nach vereinnahmten Entgelten beginnt mit Ablauf des Voranmeldezeitraums, in welchem die Entgelte vereinnahmt worden sind (§ 13 Abs. 1 Nr. 1 b UStG).

Das Finanzamt kann auf Antrag die **Ist-Versteuerung** gestatten, wenn

- der Gesamtumsatz im vorangegangenen Kalenderjahr nicht mehr als 500.000 Euro
- der Unternehmer von der Verpflichtung, Bücher zu führen und Abschlüsse aufzustellen befreit ist,
- der Unternehmer Umsätze aus einer freiberuflichen Tätigkeit erzielt.

Zur **Soll-Versteuerung**:
Die Besteuerung nach vereinbarten Entgelten entsteht grundsätzlich mit Ablauf des Voranmeldezeitraumes, in dem die Lieferung oder sonstige Leistung ausgeführt worden ist. Bei dieser Art von Besteuerung ist nur der Zeitpunkt der Leistung entscheidend.

Lösung zu **b)**

Unternehmer —Maschinenlieferung / 20.000 € + 3.800 €→ Leistungsempfänger (Kunde)

Soll-Versteuerung	Ist-Versteuerung
Die Umsatzsteuer entsteht mit Ablauf des Voranmeldungszeitraums, in dem die Lieferung ausgeführt wurde.	Die Umsatzsteuer entsteht mit dem Datum der Bezahlung.
3.800 Euro Umsatzsteuer sind im Februar an das Finanzamt zu melden und abzuführen	3.800 Euro Umsatzsteuer sind im März an das Finanzamt zu melden und abzuführen.

Lösungen zu den Multiple-Choice-Fragen

E1 = a + b

E2 = b + d

E3 = a

E4 = c

E5 = b + c

E6 = a

E7 = b + c

E8 = c

E9 = a + c + d

E10 = a + c + d

E11 = a

E12 = b

6. Berichtserstattung und Auswertung

Lösung zu Verständnisaufgabe 1:

Lösung zu **a)**

1. **Datenaufbereitung**:
   - Eine Strukturbilanz wird gebildet,
   - Über- und Unterbewertungen werden entfernt.
2. **Kennzahlenbildung**:
   - Finanzwirtschaftliche Kennzahlen werden gebildet,
   - Erfolgswirtschaftliche Kennzahlen werden gebildet.
3. **Kennzahlenauswertung**:
   - Interpretation und Erstellung eines Gutachtens

Lösung zu **b)**

- Bei der statischen Analyse eines Jahresabschlusses wird nur zu einem bestimmten Zeitpunkt die Analyse vollzogen (t_0).
- Bei der dynamischen Analyse eines Jahresabschlusses wird ein bestimmter Zeitablauf (z. B. von t_0 bis t_2) analysiert.

Lösung zu Verständnisaufgabe 2:

Lösung zu **a)**

Eine Due Dilligence-Prüfung kommt vorrangig bei bevorstehenden Unternehmenseinkäufen zum Einsatz. Der potentielle Käufer benötigt eine zuverlässige Schätzung der Risiken und Chancen des zu übernehmenden Unternehmens. Die Due Dilligence soll die Informationslücke zwischen Käufer und Verkäufer ausgleichen und damit für den Käufer sicherstellen, dass er nach dem Kauf des Unternehmens über alle Informationen verfügt, die dessen Fortführung sichern, dass er dem Käufer keine wesentlichen Informationen vorenthalten hat, welche später zu Regressansprüchen führen könnten.

Lösung zu **b)**

Wirtschaftliche Due Dilligence	Prüfung der Bilanzen und GuV aber auch das Unternehmensumfeld
Finanzielle Due Dilligence	Prüfung der Planungsrechnungen sowie die Überprüfung der Investitionsberechnungen
Steuerliche Due Dilligence	Prüfung der steuerlichen Umstände
Rechtliche Due Dilligence	Prüfung der rechtlichen Verhältnisse und Verträge, sowie von möglichen Prozessrisiken

Lösung zu Verständnisaufgabe 3:

Nr.	Posten	dieses Jahr	letztes Jahr		Übernahme
1	Pensionsrückstellungen	224,00 €	156,00 €	+	68,00 €
2	Darlehen	324,00 €	280,00 €	+	44,00 €
3	Vorräte	1.048,60 €	573,00 €	-	475,60 €
4	Forderungen aus Lieferungen und Leistungen	1.091,00 €	971,40 €	-	119,60 €
5	Verbindlichkeiten aus Lieferungen und Leistungen	3.426,90 €	3.600,80 €	-	173,90 €
6	Aktive Rechnungsabgrenzungsposten	281,20 €	255,20 €	-	26,00 €
7	Bilanzgewinn	412,00 €	697,40 €	-	285,40 €
8	Finanzanlagen	7.298,00 €	5.882,90 €		
	Zugänge in diesem Jahr	**2.870,70 €**		**-**	**2.870,70 €**
	Veräußerungserlös aus Abgängen von Finanzanlagen aus diesem Jahr	**1.455,60 €**		**+**	**1.455,60 €**
9	Verbindlichkeiten gegenüber Kreditinstituten	1.712,70 €	1.281,10 €	+	431,60 €
10	Passive Rechnungsabgrenzungsposten	58,50 €	42,00 €	+	16,50 €
11	Sachanlagen	789,00 €	683,50 €		
	Zugänge in diesem Jahr	250,50 €		-	250,50 €
	Veräußerungserlös aus Abgängen von Finanzanlagen aus diesem Jahr			+	46,00 €

Ermittlung des Veräußerungserlöses aus Abgängen von Sachanlagen:

Buchwert letztes Jahr			683,50 €
+	Zugänge		250,50 €
+	Zuschreibungen		1,50 €
-	Abschreibungen		96,50 €
-	Buchwert dieses Jahr		789,00 €
=	Buchwert der Abgänge		50,00 €
-	Verluste aus Anlagenabgängen	-	4,00 €
=	Veräußerungserlös		46,00 €

Lösung zu Verständnisaufgabe 4:

Lösung zu **a)**

Zunächst werden die Werte aus der Bilanz und der GuV in den Kennzahlenbaum übertragen. Anschließend werden noch die fehlenden Werte berechnet:

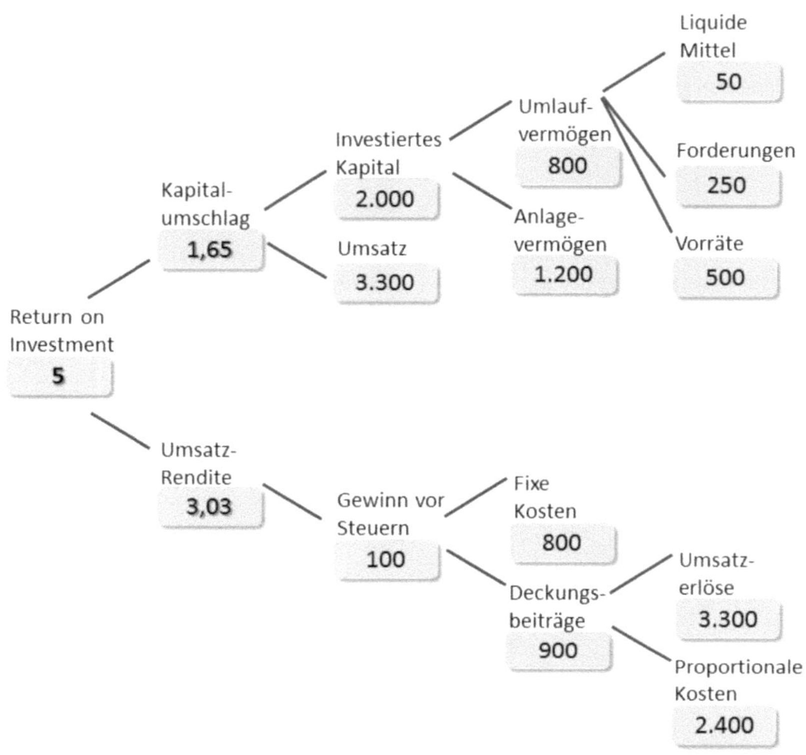

Roh-, Hilfs- und Betriebsstoffe	1.700.000,00 €
Aufwendungen für bezogene Leistungen	300.000,00 €
Personalkosten proportional	400.000,00 €
Summe proportionale Kosten	**2.400.000,00 €**

Personalkosten fix	400.000,00 €
Abschreibungen	100.000,00 €
Fremdkapitalzinsen	40.000,00 €
Sonstige fixe Kosten	260.000,00 €
Summe fixe Kosten	**800.000,00 €**

Umsatzerlöse	3.300.000,00 €
- Proportionale Kosten	2.400.000,00 €
Deckungsbeiträge	**900.000,00 €**

$$Kapitalumschlag = \frac{Umsatzerlöse}{Investiertes\ Kapital} = \frac{3.300.000\ €}{2.000.000\ €} = 1{,}65$$

Abgekürzt für 100.000 Euro Gewinn (900.000 - 800.000)

$$Umsatzrendite = \frac{Gewinn * 100}{Umsatz} = \frac{100 * 100}{3.300} = 3{,}03$$

Abgekürzt für 3.300.000 Euro Umsatzerlöse

$$RoI = 1{,}65 * 3{,}03 = 5$$

Lösung zu **b)**

Die **Erlöse** verändern sich auf	(3.300 + 3%)	3.399.000 €
Die **proportionalen Kosten** verändern sich auf	(2.400 + 3%)	2.472.000 €
Der **Deckungsbeitrag** verändert sich auf	(3.399 – 2.472)	927.000 €
Der **Gewinn** verändert sich auf	(3.399 – 800 – 2.472)	127.000 €
Der **Kapitalumschlag** verändert sich auf	(3.399 : 2.000)	1,7
Die **Umsatzrendite** verändert sich auf	(127 * 100 : 3.399)	3,74%
Der **RoI** verändert sich auf	(1,7 * 3,74)	**6,35**

Lösung zu **c)**

Die **Erlöse** verändern sich auf	(3.300 + 5%)	3.465.000 €
Die **proportionalen Kosten** verändern sich **nicht**		
Der **Gewinn** verändert sich auf	(3.465 – 800 – 2.400)	265.000 €
Der **Kapitalumschlag** verändert sich auf	(3.465 : 2.000)	1,73
Die **Umsatzrendite** verändert sich auf	(265 * 100 : 3.465)	7,65%
Der **RoI** verändert sich auf	(1,73 * 7,65)	**13,2**

Lösung zu Verständnisaufgabe 5:

a) > Zuordnung zu Abbildung 3
b) > Zuordnung zu Abbildung 4
c) > Zuordnung zu Abbildung 2
d) > Zuordnung zu Abbildung 5
e) > Zuordnung zu Abbildung 1

Lösung zu Verständnisaufgabe 6:

AKTIVA			PASSIVA
Anlagevermögen	**200.000,00 €**	**Eigenkapital**	**100.000,00 €**
Umlaufvermögen	**300.000,00 €**	**Fremdkapital**	**400.000,00 €**
Mittel dritten Grades	150.000,00 €	langfristiges Fremdkapital	180.000,00 €
Mittel zweiten Grades	125.000,00 €	mittelfristiges Fremdkapital	70.000,00 €
Mittel ersten Grades	25.000,00 €	kurzfristiges Fremdkapital	150.000,00 €
	500.000,00 €		**500.000,00 €**

Hinweise zur Berechnung:

$$Eigenkapital = \frac{Gewinn}{Eigenkapitalrentabilität} = \frac{15.000\ €}{15\%} = 100.000\ €$$

$$Fremdkapital = statischer\ Verschuldungsgrad * Eigenkapital = 4 * 100.000\ € = 400.000\ €$$

$$Gesamtkapital = Eigenkapital + Fremdkapital = 100.000\ € + 400.000\ € = 500.000\ €$$

$$Anlagevermögen = \frac{Eigenkapital}{Anlagendeckungsgrad\ I} = \frac{100.000\ €}{50\ \%} = 200.000\ €$$

$$Umlaufvermögen = Gesamtvermögen - Anlagevermögen = 500.000\ € - 200.000\ € = 300.000\ €$$

$$langfristiges\ Fremdkapital = Anlagevermögen * Anlagendeckungsgrad\ II - Eigenkapital$$

$$langfristiges\ Fremdkapital = 200.000\ € * 140\% - 100.000\ € = 180.000\ €$$

Lösung zu Verständnisaufgabe 7:

Lösung zu **a)**

Aufbereitete Bilanz:

AKTIVA		
Anlagevermögen	4.850.000,00 €	
Umlaufvermögen	1.750.000,00 €	
Forderungen	628.000,00 €	(612.000 + 16.000 € = 628.000 € inkl. ARAP lt. Angabe)
Liquide Mittel	302.000,00 €	(282.000 + 20.000 € = 302.000 € inkl. WP, da Liquiditätsreserve)
Gesamtvermögen	**6.600.000,00 €**	= AV + UV
PASSIVA		
Eigenkapital	1.690.000,00 €	
Fremdkapital	4.910.000,00 €	
Langfristiges Fremdkapital	3.870.000,00 €	
Kurzfristiges Fremdkapital	1.040.000,00 €	(240.000 € Ausschüttung + 44.000 € + 46.000 € + 653.000 € + 12.000 € + 45.000 € = 1.040.000 €)
Gesamtkapital	**6.600.000,00 €**	

Berechnungen des **Eigenkapitals**

1.200.000 € + 40.000 € + 80.000 € + 370.000 € = 1.690.000 €

Berechnungen des **langfristigen Fremdkapitals**

920.000 € + 2.950.000 € = 3.870.000 €

Berechnungen des **kurzfristigen Fremdkapitals**

240.000 € (Dividenden) + 44.000 € + 653.000 € + 12.000 € + 45.000 € + 46.000 € = 1.040.000 €

Lösung zu **b)**

Kennzahlen	**2015**	**Rechenweg**
Vermögensstruktur		
Anlagenintensität	73,5%	$\frac{AV * 100}{GV} = \frac{4.850.000 * 100}{6.600.000}$
Kapitalstruktur		
Eigenkapitalquote	25,6%	$\frac{EK * 100}{GK} = \frac{1.690.000 * 100}{6.600.000}$
Finanzierung		
Anlagendeckung I	34,8%	$\frac{EK * 100}{AV} = \frac{1.690.000 * 100}{4.850.000}$
Anlagendeckung II	114,6%	$\frac{(EK + lgfr.FK) * 100}{AV} = \frac{(1.690.000 + 3.870.000) * 100}{4.850.000}$

LEGENDE:

AV = Anlagevermögen
GV = Gesamtvermögen
EK = Eigenkapital
GK = Gesamtkapital
Lgfr.FK = langfristiges Fremdkapital

Kennzahlen	2015	Rechenweg
Liquidität		
Liquidität II	89,4%	$\frac{(flüssige\ Mittel + Forderungen) * 100}{kurzfristiges\ Fremdkapital} = \frac{(302.000 + 628.000) * 100}{1.040.000}$
Rentabilität		
Eigenkapitalrentabilität	15,3%	$\frac{JÜ * 100}{EK} = \frac{296.000 * 100}{1.930.000}$
Gesamtkapitalrentabilität	8,3%	$\frac{(JÜ + FKZ) * 100}{GK} = \frac{(296.000 + 250.000) * 100}{6.600.000}$
Umsatzrentabilität	2,2%	$\frac{JÜ * 100}{UE} = \frac{296.000 * 100}{13.400.000}$
Return on Investment (ROI)	4,66%	$\frac{JÜ}{UE} * \frac{UE}{GK} * 100 = \frac{296.000 * 100}{6.350.000}$

LEGENDE:

JÜ = Jahresüberschuss
FKZ = Fremdkapitalzinsen
UE = Umsatzerlöse

Lösung zu **c)**

- Die **Eigenkapitalquote** ist eine wichtige Kennzahl zur Beurteilung der Kreditwürdigkeit des Unternehmens. Sie gibt an, wie hoch der Anteil des Eigenkapitals am Gesamtkapital ist. Eine hohe Eigenkapitalquote bedeutet einen hohen Eigenfinanzierungsgrad- bzw. Selbstfinanzierungsgrad und ist Maßstab für Sicherheit und Unabhängigkeit. Oftmals liegt in der Praxis die Eigenkapitalquote unter 20%, sodass für diese jungen Unternehmen die Ausprägung dieser Kennzahl als gut bezeichnet werden kann. Wünschenswert ist aber mittelfristig, einen Wert von über 30% (1:2 Regel) zu erreichen.
- Die **Anlagendeckung II** besagt, wie viel Prozent des Anlagevermögens mit langfristigem Kapital (Eigenkapital + langfristiges Fremdkapital) finanziert wurde. Wünschenswert ist ein Wert über 110%. Im vorliegenden Fall ist damit die Anlagendeckung gerade ausreichend.
- Die **Umsatzrentabilität** zeigt den Gewinn bezogen auf den Umsatz. Die Umsatzrentabilität hat sich im Zeitablauf verschlechtert und ist für einen Möbelproduzenten sehr gering. Anzustreben ist ein Wert von mindestens 4 oder 5%.

Lösung zu **d)**

Die Liquidität II gibt an, inwieweit die kurzfristigen Verbindlichkeiten durch die liquiden Mittel unter Berücksichtigung der kurzfristigen Forderungen gedeckt sind.

Im vorliegenden Fall ist die Liquidität II mit 111,8% akzeptabel.

Zu beschreiben sind folgende Maßnahmen:

- Verzicht auf Gewinnausschüttungen,
- Abbau der Vorräte durch Just in Time,
- Umschuldungen,
- Veräußerungen des Anlagevermögens (Sales and lease back),
- Ausgabe von Aktien.

Lösung zu Verständnisaufgabe 8:

Lösung zu **a)**

Perspektiven, die sich unternehmensindividuell ergeben können, sind z. B.:

- Produktperspektive,
- Marktperspektive,
- Projektperspektive,
- Leistungsträgerperspektive,
- Ressourcenperspektive.

Lösung zu **b)**

Probleme, die auftreten können, sind z. B.:

- Die Umsetzung der Strategien in Kennzahlen und Maßnahmen scheitert, weil diese nicht ausreichend konkretisiert oder präzisiert sind.
- Gefahr von „Kennzahlenfriedhöfen", die der Übersichtlichkeit und Komplexitätsreduktion zur Unternehmensabbildung entgegenstehen.
- Bei den Mitarbeitern kommt es zu Akzeptanzproblemen und Verhaltenswiderständen, weil Bereichsdenken vorherrscht und die Einführung der Balanced Scorecard nicht hinreichend kommuniziert wird.

Lösung zu **c)**

Perspektive	Ziel	Kennzahl	Vorgabe	Maßnahme
Finanzen	Steigerung der Rentabilität	RoI, Gesamtkapital-rentabilität	5 % Steigerung	Sinkender Kapitalbedarf durch schnelleren Materialdurchfluss und Verminderung der Lager-bestände
Geschäftsprozesse	Fertigungs-optimierung	Durchlaufzeit eines Auftrags	Innerhalb eines halben Jahres	Wertanalysen, Restrukturierungen
Innovation und Lernen	Erhöhung der Mitarbeiter-zufriedenheit	Fehltage pro Monat	Senkung der Fehltage um 5 %	Anreizsysteme, Kontaktperson bei Beschwerden
Kunden	Gewinnung von Neukunden	Neukunden pro Monat	10 % mehr Neukunden in einem Jahr	Innovationen, kürzere Lieferzeit

Lösung zu Verständnisaufgabe 9:

Lösung zu **a)**

	01.01. (IST)	31.12. (PLAN)	DELTA
Roh-, Hilfs- und Betriebsstoffe	450	240	
+ unfertige Erzeugnisse	235	105	
+ fertige Erzeugnisse	585	265	
+ Forderungen aus Lieferungen und Leistungen	830	750	
- Verbindlichkeiten aus Lieferungen und Leistungen	660	620	
= Working Capital	1.440	740	-700

Die geplante Reduzierung des Working Capital hat einen positiven Effekt auf den operativen Cashflow, da durch die Bestandsreduzierung Kapital freigesetzt wird.

Lösung zu **b)**

Umsatzerlöse	**8.400**
- Herstellungskosten des Umsatzes	5.880
= Bruttoergebnis vom Umsatz	2.520
- Verwaltungskosten	820
- Vertriebskosten	1.580
- sonstige betriebliche Aufwendungen	860
- Zinsaufwendungen	385
- sonstige Steuern	150
- EE-Steuern	0
= Jahresergebnis	**-1.275**
+ Abschreibungen zu Gegenständen des AV	845
+ Abnahme Vorräte Roh-, Hilfs- und Betriebsstoffe	210
+ Abnahme Vorräte Unfertige und fertige Erzeugnisse	130
+ Abnahme FE	320
+ Abnahme Forderungen	80
+ Zunahme langfristiger Rückstellungen	30
- Abnahme Verbindlichkeiten (ohne Finanzschulden)	40
= operativer Cashflow	**300**

Die Innenfinanzierungskraft des Unternehmens ist äußerst schwach, was an dem negativen Brutto-Cashflow erkennbar ist. Nur durch den massiven Abbau der Bestände kann ein positiver Cashflow aus der operativen Geschäftstätigkeit erzielt werden.

Lösung zu Prüfungsähnlicher Aufgabe 1:

Lösung zu **a)**

Das interne Rating wird von Banken oder anderen Kreditgebern vorgenommen, um die Kreditwürdigkeit eines Kreditnehmers beurteilen zu können. Hingegen sind Träger des externen Ratings Ratingagenturen, welche auf nationaler Ebene oder sogar internationaler Ebene agieren.

Im vorliegenden Fall soll ein Darlehen aufgenommen werden. Dazu ist lediglich ein internes Rating erforderlich. Das interne Rating hat folgende Vorteile, welche im vorliegenden Fall ausschlaggebend sein dürften:

- Es entstehen dem Unternehmen keine zusätzlichen Kosten für die Beurteilung. Bei externen Ratings muss die Ratingagentur für das Rating bezahlt werden.
- Der zeitliche Rahmen für das externe Rating ist wesentlich umfangreicher als bei der internen Variante. Im vorliegenden Fall soll aber die Fertigstellung zeitnah erfolgen.
- Beim externen Rating werden häufig die Kapitalmärkte in Anspruch genommen. Bei einer Fremdfinanzierung führt aber das Börsen-Listing zu zusätzlichen Anforderungen an den Jahresabschluss. Aus der AG würde eine kapitalmarktorientierte Kapitalgesellschaft, die weitere Abschlussbestandteile aufstellen muss, wie z. B. eine Kapitalflussrechnung.

Lösung zu **b)**

Finanzlage	**Vermögenslage**	**Ertragslage**
Liquidität 2. Grades	Anlagenintensität	Eigenkapitalrentabilität
Cashflow	Umlaufintenstität	Umsatzrentabilität

Lösung zu **c)**

Bei einem guten Rating werden 1,5% Zinsen (der 6,5%) auf die Investitionssumme eingespart, das sind in 2015:

$$\frac{8.000.000\ Euro * 1{,}5\% * 9}{12\ Monate} = 90.000\ Euro$$

Allerdings werden 30% an Steuern vom Einkommen und Ertrag fällig, hier 30% * 90.000 Euro = 27.000 Euro

Der Jahresüberschuss steigt um 63.000 Euro

Lösung zu **d)**

Beeinflusst werden vor allem Rentabilitätskennzahlen, wie die Eigenkapital- und Umsatzrentabilität.

Lösung zu Prüfungsähnlicher Aufgabe 2:

Strukturierung der Bilanz und Untereilung.

AKTIVA			
	2014	2015	
Sachanlagen	47.440,00 €	51.445,00 €	Anlagevermöge
Beteiligungen	12.500,00 €	25.000,00 €	
Roh-, Hilfs- und Betriebsstoffe	64.555,00 €	57.840,00 €	
Unfertige Erzeugnisse	24.988,00 €	29.455,00 €	
Fertige Erzeugnisse	67.885,00 €	149.544,00 €	
Forderungen aus Lieferungen und Leistungen	66.885,00 €	45.877,00 €	Umlaufvermöge
Forderungen gegenüber verbundenen Unternehmen	- €	12.500,00 €	
Kassenguthaben	6.550,00 €	6.410,00 €	
Bankguthaben	130.625,00 €	54.976,00 €	
Bilanzsumme AKTIVA	**421.428,00 €**	**433.047,00 €**	

PASSIVA			
	2014	2015	
Gezeichnetes Kapital	124.000,00 €	124.000,00 €	
Gesetzliche Rücklage	50.000,00 €	55.000,00 €	Eigenkapital
Satzungsmäßige Rücklagen	19.444,00 €	20.651,00 €	
Pensionsrückstellungen	- €	18.440,00 €	
Sonstige Rückstellungen	21.544,00 €	16.476,00 €	
Darlehen (langfristig)	200.000,00 €	191.000,00 €	Fremdkapital
Verbindlichkeiten aus Lieferungen und Leistungen	6.440,00 €	7.480,00 €	
Sonstige Verbindlichkeiten	- €	- €	
Bilanzsumme PASSIVA	421.428,00 €	433.047,00 €	

	2014	2015
Anlagevermögen	59.940,00 €	76.445,00 €
Umlaufvermögen	361.488,00 €	356.602,00 €
Gesamtvermögen	421.428,00 €	433.047,00 €

	2014	2015
Eigenkapital	193.444,00 €	199.651,00 €
Fremdkapital	227.984,00 €	233.396,00 €
Gesamtkapital	421.428,00 €	433.047,00 €

$$Eigenkapitalrentabilität = \frac{Jahresergebnis}{Eigenkapital} * 100$$

Hinweis: Die Formel „Working Capital Ratio“ finden Sie in der IHK-Formelsammlung auf der Seite 18.

Hinweis: Alle hier geforderten Rentabilitätskennzahlen finden Sie in der IHK-Formelsammlung auf der Seite 20.

Lösung zu Prüfungsähnlicher Aufgabe 3:

Lösung zu **a)**

Zunahme Aktiva		**Zunahme Passiva**	
Maschinen	495.000,00 €	Darlehen	520.000,00 €
Fuhrpark	15.000,00 €	Verbindlichkeiten a. LL.	280.000,00 €
Betriebs- und Geschäftsausstattung	20.000,00 €		
Rohstoffe	250.000,00 €		
Abnahme Passiva		**Abnahme Aktiva**	
Eigenkapital	110.000,00 €	Forderungen	20.000,00 €
Fertigerzeugnisse		Bank	70.000,00 €
Unfertige Erzeugnisse			
Forderungen			
Bank			
	890.000,00 €		890.000,00 €

Lösung zu **b)**

Aus der Bilanz kann man entnehmen, dass zusätzliche Investitionen geplant sind. Diese sind überwiegend durch Erhöhung der Schulden zu finanzieren. Durch die Investitionen wird die AKTIVA zunehmen. Allerdings wird aber auch das Eigenkapital vorübergehend abnehmen.

Die Veränderungen in der GuV zeigen sich in einem höheren Personalaufwand (+ 200.000 Euro) sowie in höheren geplanten Umsatzerlösen (+ 200.000 Euro). Die zusätzlichen Personalkosten entsprechen auch den zusätzlichen Umsatzerlösen und somit entstehen keine Nachteile bzgl. der Arbeitsproduktivität.

Lösung zu Prüfungsähnlicher Aufgabe 4:

Lösung zu **a)**

	PLAN		IST	
Umsatz		145.000,00 €		143.000,00 €
abzgl. Handelsspanne	45,50%	65.975,00 €	48%	68.640,00 €
Summe des Wareneinsatzes		**79.025,00 €**		**74.360,00 €**

Wareneinsatz		**79.025,00 €**		**74.360,00 €**
Handlungskosten	65,14%	51.475,00 €	73,50%	54.654,60 €
Selbstkosten		130.500,00 €		129.014,60 €
Gewinn		**14.500,00 €**		**13.985,40 €**
Umsatz		145.000,00 €		143.000,00 €

Umsatzrendite	10%		9,78%	
Durchschnittlicher Lagerbestand		12.750,00 €		12.250,00 €
Wareneinsatz		79.025,00 €		74.360,00 €

Lösung zu a1)

	PLAN	IST	ERGEBNIS
Lagerumschlag	6,2	6,1	Negativ

Lösung zu a2)

	PLAN	IST	ERGEBNIS
Handelsspanne	45,5%	48,0%	Positiv

Lösung zu a3)

	PLAN	IST	ERGEBNIS
Handlungskosten	51.475,00 €	54.654,60 €	Negativ
Handlungskostenzuschlagssatz	65,14%	73,50%	Negativ

Lösung zu a4)

	PLAN	IST	ERGEBNIS
Gewinn in Euro	14.500,00 €	13.985,40 €	Negativ

Lösung zu a5)

	PLAN	IST	ERGEBNIS
Umsatzrendite	10%	9,78%	Negativ

Lösung zu **b)**

Verbesserung des Lagerumschlags durch:

- Verringerung der Lagerbestände,
- Absatzförderung.

Verringerung der Handlungskosten durch:

- Verringerung des Lagerbestandes (Kapitalbindung),
- Personalfreisetzung

Lösung zu Prüfungsähnlicher Aufgabe 5:

Lösung zu **a)**

Rentabilität, z. B.:

- Umsatzrentabilität,
- Eigenkapitalrentabilität,
- Gesamtkapitalrentabilität,
- ROI (Return on Investment).

Produktivität, z. B.:

- Arbeitsproduktivität,
- Bodenproduktivität,
- Kapitalproduktivität.

Lösung zu **b)**

- Rentabilitätskennziffern drücken das Verhältnis einer Gewinngröße (auch: Deckungsbeiträge) zu anderen betrieblichen Größen aus, welche für die Erwirtschaftung des Gewinnes von Bedeutung sind.
- Produktivitätskennziffern beschreiben die Leistungsfähigkeit einzelner Produktivitätsfaktoren.

Lösung zu **c)**

z. B. Mitarbeiterproduktivität (Personalleistung):

$$Personalleistung = \frac{Umsatz}{Anzahl\ der\ Mitarbeiter}$$

Sie beschreibt die Leistung des Produktionsfaktors Arbeit; die Kosten dieses Faktors sind die Personalkosten.

Lösung zu Prüfungsähnlicher Aufgabe 6:

Verfahren 1:

Vorteile sind z. B.:

- Keine Abhängigkeit von der Technik und keine Störanfälligkeit,
- kostengünstige Variante gegenüber mobiler Datenerfassung,
- keine Einarbeitung in die Bedienung,
- Hinzufügen von handschriftlichen Zusatzinformationen ist möglich.

Nachteile sind z. B.:

- Verluste von Blättern, fehlende Zuordnung zum Bauprojekt,
- Unleserliche Handschrift,
- Doppelte Datenerfassung durch Eingeben der Daten ins System der Verwaltung,
- keine Plausibilitätskontrollen.

Verfahren 2:

Vorteile sind z. B.:

- Informationen zum Bauprojekt können vorab eingespeichert werden und stehen an der Baustelle zur Verfügung.
- Plausibilitätsprüfungen verhindern unsinnige oder falsche Dateneingaben,
- Daten stehen nach Auslesen der Geräte direkt in der Verwaltung zur Verfügung,
- Software gibt Hilfestellung beim Erfassen der Daten.

Nachteile sind z. B.:

- Sehr kostenintensives Verfahren (durch Softwareentwicklung, Anzahl benötigter Geräte),
- Abhängigkeit von der Technik (Akku leer, Datenverlust durch Fehlbedienung),
- Diebstahlrisiko auf Baustellen,
- Kein Nachweis der Datenerhebung bei Streitigkeiten

Lösungen zu den Multiple-Choice-Fragen

F1 = b

F2 = a

F3 = c

F4 = b + c

F5 = c

F6 = a + d

F7 = b

F8 = c

F9 = a + c

F10 = a + b

F11 = a + c

F12 = d

7. Organisations- und Führungsaufgaben

Lösung zu Verständnisaufgabe 1:

Lösungstext zu **a)**

Ziele der Organisationsentwicklung sind:

- Orientierung an Zielen/Werten
- Anpassung an veränderte unternehmerische Umfeldbedingungen
- Erhöhung der Effizienz und Wirtschaftlichkeit
- Erhöhung der Produktivität
- Neuausrichtung der Unternehmenskultur

Lösungstext zu **b)**

Externe Gründe für Organisationsveränderungen:

- Nachfragerückgang
- neue Konkurrenten
- technologische Entwicklung
- konjunkturelle Veränderung

Interne Gründe für Organisationsveränderungen:

- Leerkapazitäten
- neues Management
- Verluste / Umsatzeinbrüche
- Ineffizienz / Rationalisierung

Lösung zu Verständnisaufgabe 2:

Abbildung **a)**

Es handelt sich um eine **Teamorganisation**. Hier liegt die disziplinarische Verantwortung für Mitarbeiter bei dem jeweiligen Linienvorgesetzten. Es werden übergreifende Teams gebildet und in dieser Darstellung dann auf eine oder mehrere Sparten angesetzt.

LEITUNG

VORTEILE	NACHTEILE
▪ Weitgehend herrschaftsfreies Arbeiten. ▪ Schritt zur Humanisierung von Arbeit. ▪ Kreative Kräfte können sich entfalten. ▪ Konzentration auf das Ergebnis.	▪ Disziplinlosigkeit kann eintreten. ▪ Es gibt Mitarbeiter, die „beherrscht" werden wollen.

Abbildung **b)**

Es handelt sich um eine **Matrixorganisation**. Hier wird das Objektprinzip der Sparten mit dem Verrichtungsprinzip der Zentralbereiche vereint. Es handelt sich also um eine Sonderform der Mehrlinienorganisation.

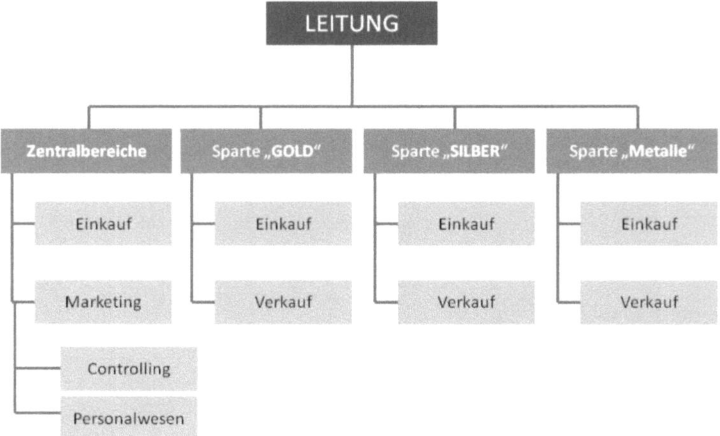

VORTEILE	NACHTEILE
▪ Vermeidung von Spartenegoismus, weil Einigungen erforderlich sind. ▪ Zentrale Führung und zentrale Administration. ▪ Vermeidung der Nachteile einer Spartenorganisation.	▪ Evtl. Doppelarbeit bei Funktionsarbeiten. ▪ Häufige Konfliktbeseitigung durch die Leitung erforderlich. ▪ Hoher Abstimmungsaufwand.

Abbildung **c)**

Es handelt sich um eine **Spartenorganisation**. Hier werden alle Unternehmenssparten mit den jeweiligen Funktionen nach den Sparten organisiert. Intern können die Sparten als Stabliniensysteme organisiert sein.

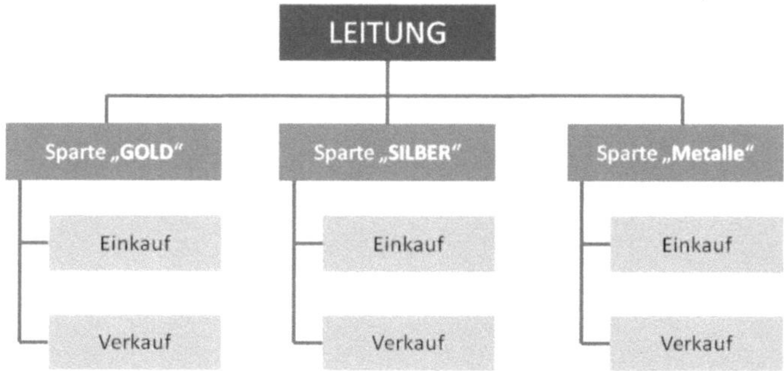

VORTEILE	NACHTEILE
▪ Marktnähe ▪ Klare Ergebnis-/Umsatzverantwortung. ▪ Förderung des unternehmerischen Denkens. ▪ Gute Nutzung der vorhandenen Ressourcen in der jeweiligen Sparte.	▪ Spartenkonkurrenz. ▪ Lange Anweisungswege von der Leitung. ▪ Gefahr der Verselbstständigung von einzelnen Sparten.

Lösung zu Verständnisaufgabe 3:

Lösung zu **a)**

Oberziel: **Marktführerschaft**

- ↳ *Unterziel Nr. 1:* ***Erhöhung der Qualität***
- ↳ *Unterziel Nr. 2:* ***Ausbau des Vertriebs***
- ↳ *Unterziel Nr. 3:* ***Diversifikation mit neuen Produkten und neuen Märkten***

Oberziel: **Erhöhung der Rentabilität**

- ↳ *Unterziel Nr. 1:* ***Gewinnerhöhung***
- ↳ *Unterziel Nr. 2:* ***Personalabbau***
- ↳ *Unterziel Nr. 3:* ***Senkung der Fixkosten***

Lösung zu **b)**

Unterziele dienen immer dem Erreichen des Oberzieles (übergeordnetes Ziel)

Lösung zu Verständnisaufgabe 4:

Lösung zu **a)**

z. B.:

- Formulierung der Aufgaben,
- Festlegung des Zeitbedarfs,
- Koordination des Informationsaustauschs,
- Entscheidungsfehler, wie weit werden die Abweichungsspielräume gestreckt?
- Präsentation der Planungsergebnisse.

Lösung zu **b)**

- **Strategische Planung**: Diese Planung ist auf einen längeren Zeitraum ausgerichtet und eine eher grobe Planung. Es werden Planungsobjekte gewählt, welche im Zusammenhang mit der dauerhaften Existenz des Unternehmens stehen. Strategien zeichnen sich durch eine relative Stabilität aus und müssen zum Ziel des Unternehmens kompatibel sein. Sie brauchen eine Akzeptanz der Mitarbeiter.

- **Operative Planung**: Diese ist auf einen kürzeren Zeitraum bezogen, eher eine Detailplanung und stärker auf erfolgsorientierte Einzelpläne zugeschnitten. Diese Planung ist vor allem dazu geeignet, ein gesetztes Ziel zu erreichen – z. B. wird die Kosten-und Leistungsrechnung als Instrument des Controllings für die operativen Bereiche eingesetzt.

Die strategische Planung ist also mehr für den Bereich der Zielsetzung, der operative Teil für die Zielerreichung einsetzbar.

Lösung zu **c)**

Eine reine Endkontrolle des Ergebnisses vernachlässigt Chancen, Fehler der Realisierung oder der Planung schon während des Ablaufes zu korrigieren. Eventuell können Zeitvorgaben oder Produktionszahlen nicht erreicht werden, sodass weitere Folgekosten entstehen.

Lösung zu Prüfungsähnlicher Aufgabe 1:

Lösung zu **a)**

Optimierung des Personaleinsatzes

- Analyse der betrieblichen Abläufe für eine optimale Zuordnung der Mitarbeiterfähigkeiten,
- Analyse der Mitarbeiterpotenziale zur optimalen Nutzung der neu geformten Organisationen und Funktionen,
- Einführung eines Mitarbeiterbindungsprogramm zur Verhinderung möglicher Abwanderungen von Leistungsträgern.

Nutzung der Kreativität

- Einführung von Qualitätswerkstätten, um die Mitarbeitenden an den anstehenden Veränderungsprozessen zu beteiligen,
- Einführung eines betrieblichen Vorschlagswesens zur Unterstützung der Veränderungsprozesse.

Soziale und humanitäre Ziele:

- Formulierung von Outplacement-Richtlinien für die Unterstützung ausscheidender Mitarbeiter
- Angebote zur Qualifizierung von Mitarbeitern zur Übernahme anderer Tätigkeiten.

Lösung zu **b)**

z. B.:

- Balanced Scorecard,
- Szenario-Technik,
- Vergleichstechniken (Benchmarking),
- SWOT-Methode (Analysetechniken),
- Optimierungstechniken (Six Sigma),
- Kreativitätstechniken (Brainstorming, Mindmapping).

Lösung zu Prüfungsähnlicher Aufgabe 2:

Lösung zu **a)**

Beispiel:

Kriterien	Gewichte	Erfüllungsgrad		Nutzwert	
		Bewerber 1	Bewerber 2	Bewerber 1	Bewerber 2
Verhandlungsgeschick	0,3	2	1	0,6	0,3
Sprachenkenntnisse	0,2	2	1	0,4	0,2
Umgangsformen	0,2	3	2	0,6	0,4
Technische Fähigkeiten	0,2	1	3	0,2	0,6
Managementkompetenz	0,1	2	3	0,2	0,3
SUMME				2	1,8

Ordnialskala: 1 = sehr gut,.... 5 = schlecht

Anhand der aufgeführten Nutzwertanalyse würde der Bewerber Nr. 2 eingestellt werden, da sein Nutzwert kleiner ist (kleinerer Wert ist wegen „1 = sehr gut" besser) als der von Bewerber Nr. 1. Weil in diesem Fall aber die Entscheidung sehr knapp ausfällt, sollten noch weitere Kriterien für die Entscheidungsfindung herangezogen werden, um mehr Klarheit zu erzeugen.

Lösung zu **b)**

Eine Nutzwertanalyse wird bei qualitativen Entscheidungen eingesetzt. Als Hilfsmittel, um eine „Messbarkeit" der einzelnen Kriterien erreichen zu können, wird eine Ordinalskala verwendet. Die Ordinalskala zeigt die Reihenfolge auf: 1 = sehr gut,....5 = schlecht

Die Gewichte der Nutzwertanalyse können 100% ergeben. Es können jedoch auch viele Kriterien für eine Entscheidung eingesetzt werden, so dass es sinnvoller ist, keine 100-%-Grenze einzubauen.

Der Zweck der Nutzwertanalyse, die auch ein Instrument für Gruppenarbeit darstellt, besteht darin, qualitative und somit nicht exakt messbare Kriterien so messbar zu machen, dass aufgrund von Gewichtungen und Rangfolgen eine Entscheidung zu Gunsten einer Alternative erfolgen kann.

Lösung zu **c)**

Bei einer Sensitivitätsanalyse können die Gewichte der Nutzwertanalyse geringfügig verändert werden. Die Gewichte können sich beispielsweise aufgrund neuer Erkenntnisse, neuer Informationen oder Änderungen von Einstellungen und Zielen ergeben.

Wenn nach Veränderung der Gewichte die gleiche Entscheidung wie vorher resultiert, dann ist die Entscheidung stabil.

Lösung zu Prüfungsähnlicher Aufgabe 3:

Lösung zu **a)**

Ein MIS eignet sich zur Automatisierung gut strukturierter Routineaufgaben, bei deren Gestaltung die Entscheidungsregeln und Informationsabläufe generell bekannt sind.

Lösung zu **b)**

Anforderungen könnten z.B. sein:

- Datenaktualität,
- Datensicherheit,
- Auswertungsschnelligkeit,
- Benutzerfreundlichkeit,
- Wirtschaftlichkeit.

Lösung zu **c)**

1. Unterstützung von vielfältigen Planungsaufgaben,
2. Kontrolle der sich aus den Entscheidungen ergebenden Tätigkeiten,
3. Vorbereitung strategischer und operativer Entscheidungen durch die gelieferten Informationen,
4. gezielte und generelle Entscheidungsverbesserung.

Lösung zu Prüfungsähnliche Aufgabe 4:

Lösung zu **a)**

Eine **Marktsegmentierung** ist eine Aufgliederung eines heterogenen Gesamtmarkts in unterschiedliche homogene Teilmärkte bzw. Segmente. Solche Segmente sind Abnehmergruppen. Mit einer solchen Segmentierung kann man besser auf die unterschiedlichen Bedürfnisse, Ziele und Ansprüche von potenziellen Theaterbesuchern eingehen. Auch die Marketingaktivitäten können somit besser und zielgruppengerecht angepasst werden.

Lösung zu **b)**

Sozio-demographische Kriterien:

- Geschlecht,
- Alter,
- Einkommen,
- Beruf

Geographische Kriterien:

- Stadt,
- Land,
- Region

Psychographische Kriterien:

- Einstellungen,
- Motive,
- Interessen,
- Lebensstil,
- Kriterien des Besucherverhaltens,
- Vorliebe für bestimmte Sparten des Theaters.

Lösung zu Prüfungsähnlicher Aufgabe 5:

Lösung zu **a)**

Bei einem Auftragsrückgang verändert sich die Erfahrungskurve nach oben, weil sich auch die Stückkosten erhöhen. Es bestehen zwar Lerneffekte im Unternehmen, welche bei höheren Stückzahlen eine Verschiebung der Erfahrungskurve nach unten bewirken, aber aufgrund entstehender Leerkosten können die Einsparungen bei den Stückkosten nicht wirksam werden.

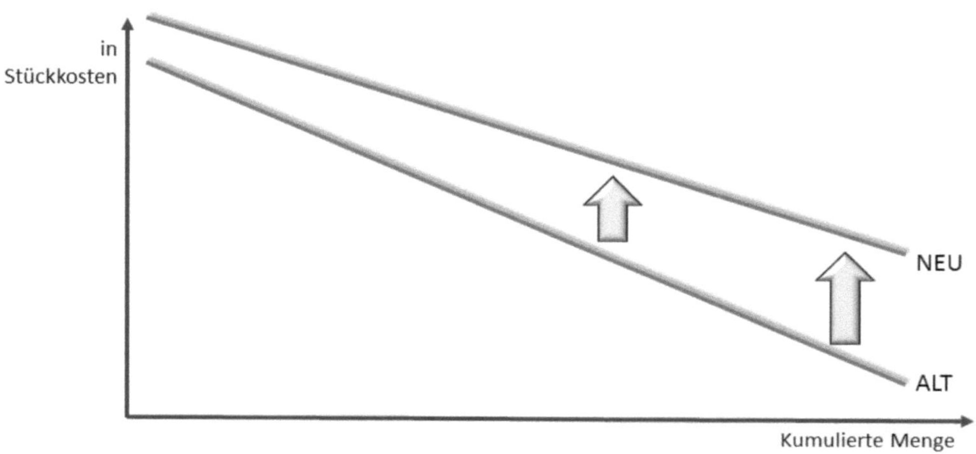

Lösung zu **b)**

Sie könnten z.B. zwischen den folgenden grundsätzlichen Szenarien unterscheiden:

	SZENARIO 1	SZENARIO 2
Zeitraum: kommende 2 Jahre	Zunahme von Aufträgen um 10%	Abnahme von Aufträgen um 30%
	Wahrscheinlichkeit von 5%	Wahrscheinlichkeit von 95%

Dies könnte z.B. folgende Auswirkungen auf die operativen Teilpläne haben:

	SZENARIO 1	SZENARIO 2
Beschaffung	Erhöhung der Lagerbestände	Senkung der Lagerbestände
Produktion	Durchlaufzeiten erhöhen	Leerkosten senken
Personal	Personalstand erhöhen	Kurzarbeit, flexible Personalgestaltung

! Diese Antworten sind Lösungsvorschläge; ähnliche Aussagen wären in der Prüfung ebenso möglich

Übungsaufgaben nach Stichworten

A

B

C

D

E

F

G

T

U

V

W

Z